50 TEMAS CLAVE PARA ENTENDER LOS **NÚMEROS**

log(x)
1
2
10.0min
20.0min
30.0min
40.0min
16:00:00
17:00:00
18:00:00
19:00:00
20:00:00
21:00:00
22:00:00
23:00:00
00:00:00
01:00:00
02:00:00
03:00:00
04:00:00
05:00:00
06:00:00
07:00:00
08:00:00
09:00:00
10:00:00
11:00:00
12:00:00
13:00:00

GUÍA BREVE

50 TEMAS CLAVE PARA ENTENDER LOS **NÚMEROS**

Y CÓMO UTILIZARLOS

Colaboradores
Christian Cole
Niamh Nic Daéid
Raluca Eftimie
Harry Gray
Joyce Kafui Klu
John McDermott
David Pontin

Ilustraciones
Steve Rawlings

BLUME

Niamh Nic Daéid y Christian Cole

BLUME

Título original *30-Second Numbers*

Edición David Breuer, Tom Kitch, Kate Shanahan, Joanna Bentley
Dirección creativa James Lawrence
Diseño Ginny Zeal
Documentación iconográfica Sharon Dortenzio
Ilustraciones Steve Rawlings
Texto de glosarios Jane Roe
Traducción María Teresa Rodríguez Fischer
Revisión de la edición en lengua española
Dr. Alfonso Rodríguez Arias
Ingeniero industrial
Coordinación de la edición en lengua española Cristina Rodríguez Fischer

Primera edición en lengua española 2020

Carrer de les Alberes, 52, 2.°, Vallvidrera
08017 Barcelona
Tel. 93 205 40 00
e-mail: info@blume.net

I.S.B.N.: 978-84-18075-60-5

Impreso en China

Dedicatoria

En la vida no suele ocurrir que una conversación algo alocada acabe por convertirse en un hermoso y extraordinario libro informativo. Esa conversación tuvo lugar por correo electrónico entre Niamh Nic Daéid, Stephanie Evans y Sue Black, y en ella las dos últimas aportaron cantidades iguales de emoción y desdén a la alocada idea de Niamh, de la que nació este libro, que está dedicado a vosotras, mis sabias lechuzas colegas, de parte de la lechuza sabia número dos.

CONTENIDO

6 Introducción

10 Números fundamentales
12 GLOSARIO
14 Números reales
16 Números racionales
18 Números irracionales
20 Números primos
22 Números complejos
24 Números discretos
26 Números continuos
28 Cero y números negativos
30 Potencias y raíces
32 **Perfil: Gerolamo Cardano**

34 Distribuciones estadísticas
36 GLOSARIO
38 Estadística
40 Población y muestras
42 Muestreo
44 Variables independientes y dependientes
46 Distribuciones estadísticas
48 Distribución normal
50 **Perfil: Abraham de Moivre**
52 Variables aleatorias

54 Pruebas estadísticas
56 GLOSARIO
58 Pruebas estadísticas
60 Media
62 Desviación estándar
64 Error de medición
66 Valor p
68 **Perfil: Egon Pearson**
70 Intervalo de confianza
72 *Bootstrap*
74 Error estándar
76 Regresión lineal y correlación

78 Probabilidad y riesgo
80 GLOSARIO
82 Probabilidad
84 **Perfil: Pierre de Fermat**
86 Predicción
88 Contraste de hipótesis
90 Probabilidad bayesiana
92 **Perfil: Thomas Bayes**
94 Probabilidad condicional
96 Razón de verosimilitud
98 Riesgo absoluto
100 Riesgo relativo
102 Sesgo numérico

104 El uso de los números
106 GLOSARIO
108 Bases numéricas
110 Logaritmos
112 Porcentajes
114 Fracciones
116 Algoritmos
118 Falsos positivos y falsos negativos
120 Permutaciones y combinaciones
122 **Perfil: Fibonacci**

124 Visualización de los números
126 GLOSARIO
128 Macrodatos/big data
130 Inteligencia artificial
132 Aprendizaje automático
134 Visualización de datos
136 El uso de la forma y el color
138 Comparación de números
140 Tendencias
142 **Perfil: *sir* Arthur Lyon Bowley**
144 Rangos
146 Cuartiles

148 Apéndice
150 Fuentes
154 Notas sobre los colaboradores
156 Índice
160 Agradecimientos

INTRODUCCIÓN

Niamh Nic Daéid, Eddie Small y Chris Cole

Los números y los símbolos para representarlos, como estos antiguos jeroglíficos egipcios del templo de Karnak en Luxor, se han utilizado durante miles de años.

Se calcula que el empleo de los números y las marcas de conteo para contar y comunicarse se inició hace unos 40 000 años, y posiblemente incluso antes, lo que demuestra la importancia de un ser humano hábil para la aritmética en los inicios de nuestra historia. En la actualidad, los números nos rodean, permean toda nuestra existencia y constituyen la base de casi todas las decisiones que tomamos cada día de nuestras vidas.

En particular, el uso de la estadística y las probabilidades nos ayuda a tomar decisiones equilibradas y sustentar las elecciones que realizamos sobre una base racional, desde el cuidado de nuestra salud hasta la adquisición de un automóvil. Utilizamos las escalas numéricas para decidir hasta qué punto nos gusta el lugar de nuestras vacaciones, cuán fiable es la evidencia científica presentada como prueba en un juicio y en qué riesgos incurrimos cuando nos tomamos una copa más de vino durante el fin de semana o compramos unas acciones en la bolsa. Los números nos transmiten significados e inferencias sobre nosotros mismos, nuestra salud y nuestro bienestar, así como sobre el mundo y la manera en la

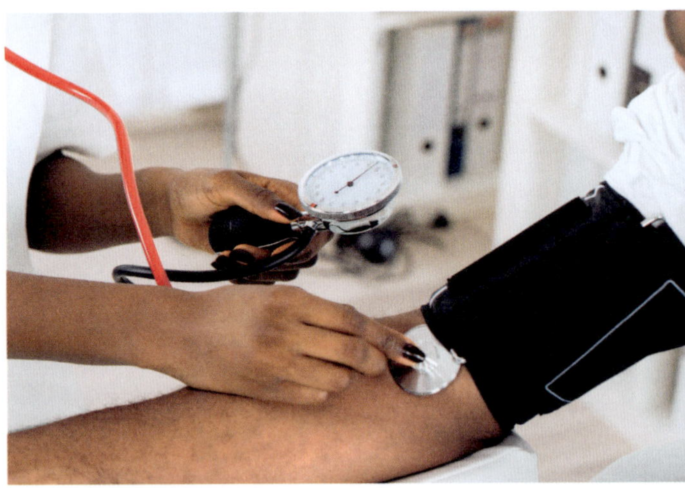

Medir algunos aspectos de nuestra salud nos ayuda a aplicar del tratamiento médico más preciso y adecuado en cada caso.

que interactuamos con él. Entramos en una etapa de nuestra evolución en la que los datos y el análisis de unos conjuntos de datos extraordinariamente grandes se utilizan para modelar y predecir nuestros comportamientos de una manera inimaginable para los matemáticos de las generaciones anteriores.

Un buen ejemplo es el advenimiento del Internet de las cosas y de las ciudades digitales, donde existe una interconexión de teléfonos, electrodomésticos y otros dispositivos, usando números y códigos para comunicarse y monitorizar el entorno, de modo que el frigorífico puede pedir la leche cuando se acaba. La inteligencia artificial y los sistemas autónomos implicados en estos desarrollos se basan en códigos numéricos, herramientas matemáticas y potentes algoritmos. Los números y la manera de usarlos son realmente importantes.

Sin embargo, y a pesar de ello, muchos de nosotros tenemos una relación de amor-odio con los números e internamente sufrimos cuando nos piden ayuda con las tareas de matemáticas o debemos realizar un análisis estadístico como parte de un proyecto. Este libro tiene como objetivo ahuyentar estos miedos, y así presenta cada uno de los 50 conceptos que constituyen la base del uso de los números, de una manera amena, informativa y agradable.

Las sumas que aprendemos en la escuela constituyen la base de una serie de aplicaciones matemáticas.

El texto se divide en seis capítulos. Cada capítulo comienza con un glosario de términos, y cada uno incluye también el perfil de uno de nuestros «héroes» matemáticos, elegido por los distintos autores. Al no ponernos de acuerdo, el capítulo cuatro, sobre la probabilidad, tiene dos héroes. El primer capítulo, **Números fundamentales**, considera la clasificación de los números que recordará de la escuela, las piezas fundamentales básicas de nuestra comprensión de los números y cómo distinguir los racionales de los irracionales. El segundo, **Distribuciones estadísticas**, explora el modo en que se utilizan los números para explicar los distintos comportamientos de

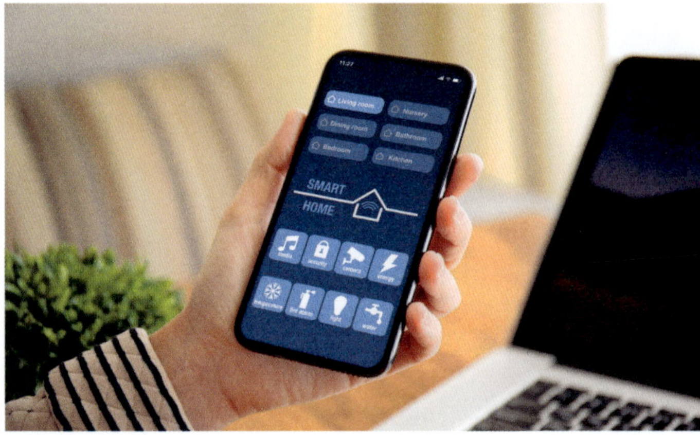

Gracias a los avances en la inteligencia artificial, la tecnología digital permite controlar cada vez más aspectos de nuestra vida.

los datos, los tipos de variables que se utilizan y cómo se pueden usar, y los distintos métodos de análisis empleados para mostrar tendencias e inferencias sobre la información recogida. El tercer capítulo, **Pruebas estadísticas**, introduce algunos de los conceptos clave de la estadística utilizada para explicar la relación entre las distintas variables y responder a la pregunta de «qué es exactamente un valor p», que un día nos formuló un colega del departamento jurídico. A continuación encontramos **Probabilidad y riesgo**, que explora la relación causal entre dos o más eventos partiendo de la base del análisis de la posibilidad de que ocurran. La importancia de estos conceptos en el ámbito de la ciencia forense, para la comprensión de los efectos de los nuevos avances médicos y las intervenciones medioambientales es profunda. El capítulo cinco, **El uso de los números**, muestra cómo utilizar los números de forma real y tangible, estudiando las fracciones, los porcentajes, los logaritmos y los algoritmos. En el último capítulo, **Visualización de los números**, exploramos la belleza que se nos revela a través del empleo de las representaciones gráficas de datos numéricos, que son herramientas esenciales para explicar y comunicar tendencias o para comparar varias series de datos. Florence Nightingale, pionera en el desarrollo de la infografía, estaría orgullosa de lo que podemos conseguir hoy en día. Terminamos con una mirada al futuro, a la inteligencia artificial, los macrodatos y el aprendizaje automático.

La matemática y la estadística son lenguajes hermosos, elegantes y, a menudo, misteriosos, que nos ayudan a desentrañar los secretos del mundo que nos rodea. Esperamos que con este libro proporcionemos algunos conocimientos sobre sus misterios y abramos una ventana hacia su magia.

NÚMEROS FUNDAMENTALES

NÚMEROS FUNDAMENTALES
GLOSARIO

π Letra griega «pi» que representa una constante matemática definida como la relación entre la longitud de una circunferencia y su diámetro. Es aproximadamente igual a 3,14159 y es un ejemplo de un número irracional.

$\sqrt{}$ Símbolo matemático para la raíz cuadrada. La raíz cuadrada de un número, x, es otro número, y, con la propiedad de $y \times y = x$.

conjugado Se obtiene un conjugado matemático cuando se cambia el signo en uno de los términos de un binomio, por ejemplo, $x - y$ es el conjugado de $x + y$.

criba de Eratóstenes Método simple para encontrar todos los números primos hasta un número especificado, originalmente atribuido al antiguo sabio griego Eratóstenes de Cirene. Se escriben todos los enteros hasta ese número y secuencialmente se eliminan todos los números divisibles entre 2, 3, 5, etc., que sean mayores que estos números.

criptografía Estudio matemático de los métodos utilizados para cifrar y descifrar información para asegurar su transmisión segura.

denominador En una fracción simple, el denominador es el número situado en la parte inferior y no puede ser cero.

dígitos binarios En el sistema numérico binario únicamente existen dos dígitos: 1 y 0. Este sistema es utilizado por todos los ordenadores y dispositivos digitales.

e Constante matemática, también conocida como número de Euler, que es aproximadamente igual a 2,71828. Es el número cuyo logaritmo natural es 1.

entero Número natural que puede ser positivo o negativo.

logaritmo Lo opuesto a un exponente. Es el exponente al que hay que elevar un número, llamado base, para obtener otro número determinado: $8 = 2^3$, por lo que $\log_2 8 = 3$.

numerador En una fracción simple, el numerador es el número situado en la parte superior.

número compuesto Entero positivo que se obtiene al multiplicar dos enteros positivos más pequeños. Un número compuesto no puede ser un número primo.

número de Avogadro Número de moléculas en un «mol» de toda sustancia química (habitualmente átomos, moléculas o iones), que es igual a $6{,}022140857 \times 10^{23}$.

número imaginario Número no real que no se puede calcular, denominado *i*; es la raíz cuadrada de -1.

número natural Cualquier número entero positivo.

polinomio Expresión de al menos dos términos algebraicos con distintas potencias en una suma.

Teorema fundamental de la aritmética Teoría presentada por el antiguo matemático griego Euclides en su obra *Elementos* escrita hacia 300 a. C. Establece que cualquier número mayor que 1 es un número primo o el producto de números primos.

NÚMEROS REALES

el tema en 30 segundos

CONTEO EN 3 SEGUNDOS
Un número real es cualquier valor que podemos elegir en la recta numérica continua, con el fin de utilizarlo en las aplicaciones del mundo real para medir distintas cantidades.

TOTAL EN 3 MINUTOS
La mayoría de las constantes en las ciencias físicas (como la constante de gravitación o la constante de la velocidad de la luz), así como las variables físicas (como la posición y la velocidad), se describen utilizando números reales, al igual que la mayoría de las constantes (como el número de Avogadro) y las variables fisiológicas (como el volumen de sangre), en las ciencias biológicas y en la medicina.

René Descartes introdujo el término «número real» en el siglo XVII para distinguir entre las soluciones reales e imaginarias de los polinomios (expresiones formadas por la suma de varios términos que contienen distintas potencias de la misma variable; por ejemplo, $x^2 + 12x + 1 = 0$). A diferencia de los números naturales (los números que utilizamos en la vida cotidiana para contar, 0, 1, 2, 3, etc.) y los números enteros (los números naturales junto con sus opuestos, -2, -1, 0, 1, 2, etc.), los números reales son difíciles de definir. Básicamente, un número real es cualquier valor en la recta numérica continua que se puede utilizar para medir cantidades. Los números reales incluyen los números naturales y los enteros, así como los números que tienen decimales. Así, los números reales incluyen los definidos como números racionales (los que se pueden escribir como el cociente de dos números enteros) y como números irracionales (los que no pueden escribirse como el cociente de dos números enteros). Los números reales constituyen el conjunto más grande de números con los que nos encontramos en las aplicaciones del mundo real. El hecho de que la suma, la diferencia, la multiplicación y la división (no entre 0) de dos números reales de lugar a otro número real nos permite utilizarlos para contar, ordenar y medir distintas cantidades de la vida cotidiana: desde comprar comestibles hasta calcular los pagos de la hipoteca o medir la velocidad a la que conducimos el automóvil.

TEMAS RELACIONADOS
véanse también
NÚMEROS RACIONALES
página 16

NÚMEROS IRRACIONALES
página 18

MINIBIOGRAFÍA
RENÉ DESCARTES
1596-1650
Matemático y filósofo francés, el primero en utilizar el término número «real» para distinguirlo de un número imaginario en el contexto de las soluciones de las ecuaciones polinómicas.

TEXTO EN 30 SEGUNDOS
Raluca Eftimie

Los números reales positivos se utilizan, por ejemplo, para expresar distancias, la velocidad de un vehículo y el precio de los comestibles.

40 60 80 100 120 140 160
km/h
14 15 16 17 18 19 20 21 22 23 24 25 26 28
2 3 4 5 6 7 13 14 15 16 17
11 12 13 14

NÚMEROS RACIONALES

el tema en 30 segundos

El término «número racional» deriva del hecho de que estos números se expresan como la razón de dos números enteros (números que pueden ser positivos, negativos o cero; aunque no es posible dividir entre cero). Como todo número entero a se puede escribir como fracción de la forma $a/1$, resulta que todos los enteros también son números racionales. Los siguientes tipos de números son racionales: números naturales (1,0; −22,0), números con decimales exactos (1/2 = 0.5) y números con decimales periódicos puros (1/3 = 0,33333...). Por el contrario, aquellos números con decimales no periódicos se conocen como números irracionales. Uno de los primeros estudios rigurosos sobre los números racionales es *Elementos* de Euclides, que versa (entre otros temas) sobre los cocientes de los números. Los números racionales tienen varias propiedades que nos permiten utilizarlos en la vida cotidiana. Por ejemplo, para dos números racionales cualesquiera, su suma, diferencia y producto (así como su división entre cualquier número distinto de cero) es también un número racional (y por lo tanto podemos sumar/restar/multiplicar estos números para medir cosas). Estas propiedades tan simples se pueden utilizar para demostrar otra propiedad básica de los números racionales: entre dos de ellos siempre hay otro número racional. Es decir, si elegimos dos números racionales, p y q, resulta claro que $(p + q)/2$ es otro número racional que se halla entre p y q.

CONTEO EN 3 SEGUNDOS

Los números racionales se pueden expresar como la razón o cociente de dos enteros, *a/b*, donde *a* recibe el nombre de numerador y *b* el de denominador, y este debe ser distinto de cero.

TOTAL EN 3 MINUTOS

Los números racionales tienen numerosas aplicaciones en la vida cotidiana, desde la compra de comestibles (el precio de 1 kg de manzanas comparado con el precio de una bolsa de 0,5 kg) hasta la conducción (medición de la velocidad de los vehículos) y la cartografía (las escalas de los mapas para representar distancias entre lugares).

TEMAS RELACIONADOS

véanse también
PORCENTAJES
página 112

FRACCIONES
página 114

MINIBIOGRAFÍA

EUCLIDES
vivió h. 300 a. C.
Matemático de la antigua Grecia (a menudo conocido como el fundador de la geometría) que analizó los números racionales en su obra *Elementos*.

TEXTO EN 30 SEGUNDOS

Raluca Eftimie

Los números racionales positivos pueden utilizarse para comparar distintas cantidades al comprar y cocinar, o para medir distancias.

NÚMEROS IRRACIONALES

el tema en 30 segundos

Desde la antigüedad, los matemáticos interesados en la astronomía y la ingeniería han utilizado y hecho aproximaciones de los números irracionales. Una de las primeras menciones es la de Hípaso de Metaponto, quien descubrió que la diagonal de un cuadrado con los lados de una unidad de longitud (es decir, una longitud de $\sqrt{2}$) no se podía expresar como la razón de dos números enteros. En otras palabras, $\sqrt{2}$ no es un número racional. Más de dos siglos más tarde, Euclides realizó una demostración geométrica de este resultado en sus *Elementos*. Hoy en día, un número irracional suele definirse como el límite de una serie de números racionales, o por la división de los números racionales en subconjuntos de números mayores/menores que el número irracional en cuestión. Entre los números irracionales se encuentran $\pi = 3.141592654...$, $\sqrt{2} = 1.414213562...$, $e = 2.718281828...$ De hecho, todas las raíces cuadradas de los números racionales (menos los cuadrados perfectos) son números irracionales: por ejemplo $-\sqrt{5} = -2.2360679...$ La característica principal de los números irracionales es que su parte decimal no es repetitiva. Stifel cita esta propiedad en su trabajo de 1544 *Arithmetica integra*, donde afirma que los números irracionales no se pueden considerar números auténticos porque se encuentran «ocultos tras una niebla de infinitud» (la «niebla» era la gran cantidad de decimales no periódicos).

CONTEO EN 3 SEGUNDOS

Los números irracionales son aquellos que no se pueden expresar como la razón de dos números enteros, a saber a/b, siendo a, b enteros y b distinto de cero.

TOTAL EN 3 MINUTOS

Los números irracionales tienen múltiples aplicaciones en ingeniería, arquitectura, física, etc., y se utilizan para calcular, por ejemplo, las longitudes y las áreas de diversos objetos geométricos, o para calcular ángulos entre distintas trayectorias en el espacio.

TEMAS RELACIONADOS

véanse también
NÚMEROS REALES
página 14

NÚMEROS RACIONALES
página 16

MINIBIOGRAFÍAS

KARL WEIERSTRASS
1815-1897
Matemático alemán que presentó la construcción de números irracionales en una serie de conferencias impartidas en Berlín en la década de 1860.

RICHARD DEDEKIND
1831-1916
Matemático alemán que definió los números racionales e irracionales en «Stetigkeit und irrationale Zahlen» («Continuidad y números irracionales»), en 1858, trabajo en el que demostró cómo se combinan estos números para formar números reales.

TEXTO EN 30 SEGUNDOS

Raluca Eftimie

Los números irracionales se utilizan, por ejemplo, para calcular ángulos entre distintas trayectorias (empleando pi).

208247

NÚMEROS PRIMOS

el tema en 30 segundos

CONTEO EN 3 SEGUNDOS
Un número primo es un número natural (mayor que 1) que no se puede obtener multiplicando dos números naturales estrictamente más pequeños.

TOTAL EN 3 MINUTOS
Además de su importancia en la criptografía o cifrado, los números primos también aparecen en biología donde, por ejemplo, algunas especies de cigarras tienen ciclos de vida de 13 o 17 años, lo que les proporciona una ventaja evolutiva.

Un número primo p es un número (discreto) que tiene única y exactamente dos divisores positivos: 1 y él mismo. Como ejemplos de números primos tenemos 2, 3, 5, 7. En *Elementos*, Euclides demostró que existe un número infinito de números primos. Si un número p no es primo (es decir, que se puede expresar como el producto de dos números distintos estrictamente comprendidos entre 1 y p), p se denomina «número compuesto». El número «1» no es ni primo ni compuesto. Los números primos son los elementos constructivos multiplicadores de los números naturales, lo que significa que cada número natural se puede expresar como un único producto de un número finito de números primos, un resultado que se conoce como Teorema fundamental de la aritmética. El hecho de que cualquier número (sin importar lo grande que sea) se pueda descomponer en factores primos, o el hecho de que dos números primos muy grandes se puedan multiplicar para dar lugar a otro gran número, tiene aplicación en la seguridad informática, ya que resulta muy difícil determinar rápidamente cómo un número extremadamente grande puede descomponerse en el producto de dos números primos. Esta propiedad se utiliza en el cifrado de mensajes, ya que para descifrarlos y leerlos es necesario conocer los números primos empleados en el cifrado.

TEMAS RELACIONADOS
véanse también
NÚMEROS REALES
página 14

NÚMEROS DISCRETOS
página 24

MINIBIOGRAFÍA
ERATÓSTENES DE CIRENE
h. 276 a. C.-h.194 a. C.
Matemático de la antigua Grecia, considerado «padre de la geografía», que propuso un método simple para calcular los números primos.

TEXTO EN 30 SEGUNDOS
Raluca Eftimie

Los números primos se utilizan en criptografía. También pueden describir el ciclo de vida de las cigarras.

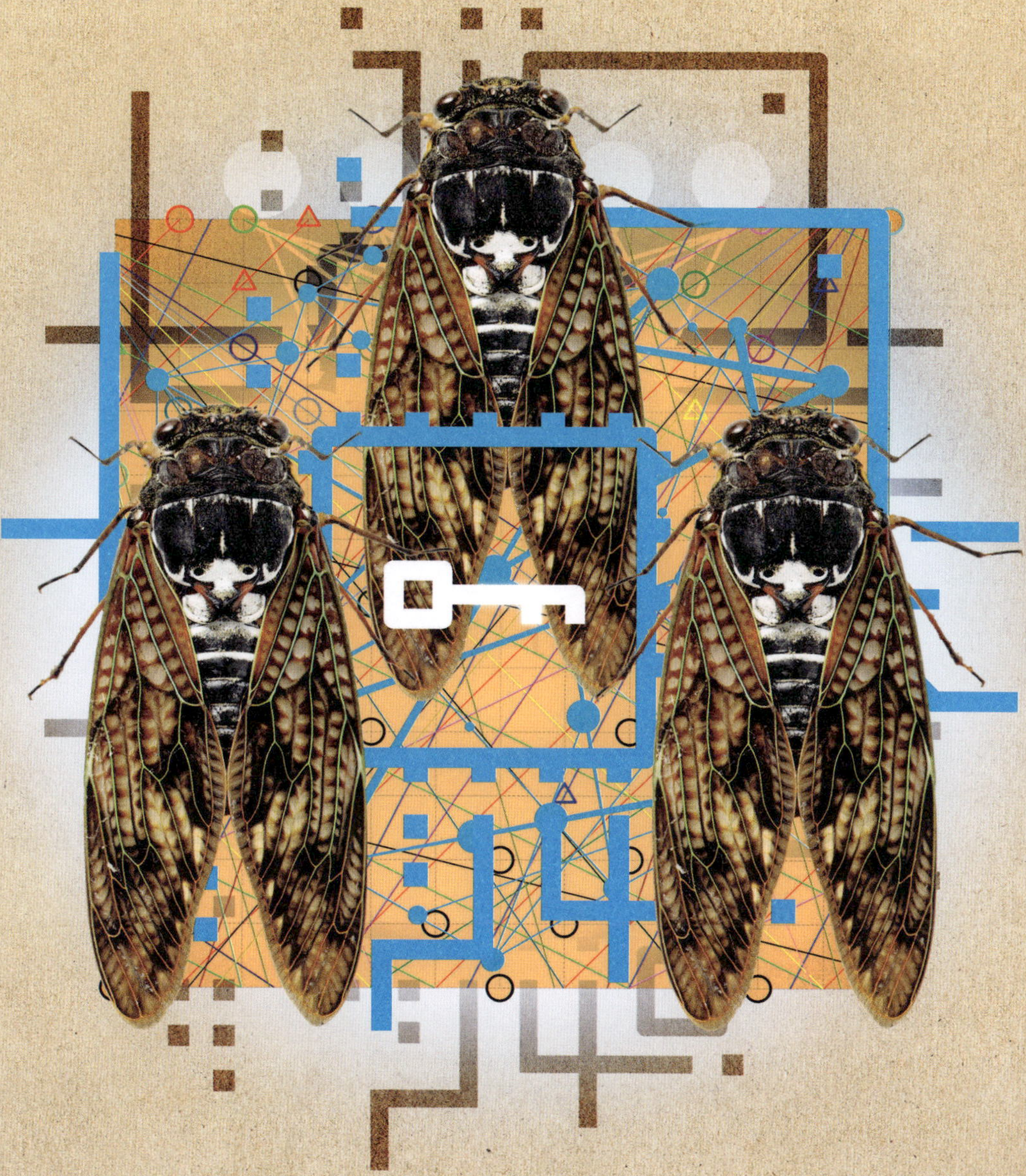

NÚMEROS COMPLEJOS

el tema en 30 segundos

Los números complejos son expresiones de la forma $a + ib$, donde a y b son núemros reales e i es un símbolo definido por $i = \sqrt{(-1)}$. El número a se conoce como la parte real de $a + ib$, mientras que el número b se conoce como la parte imaginaria de $a + ib$. El símbolo i se denomina unidad imaginaria. La parte imaginaria de los números complejos tiene la propiedad de convertirse en un número real (negativo) cuando se eleva al cuadrado. Para cualquier número complejo $a + ib$, la expresión $a - ib$ se denomina su conjugado. El producto de un número complejo por su conjugado da como resultado un número real (por ejemplo, $[(a + ib)(a - ib) = a^2 + b^2]$). A pesar de que la raíz cuadrada de un número negativo fue documentada hacia 50 d. C. cuando Herón de Alejandría estudiaba el volumen de una sección de una pirámide, los problemas que involucraban raíces cuadradas de números negativos se consideraron imposibles de resolver hasta el siglo XVI. Girolamo Cardano dio el primer gran paso en 1545 cuando en su libro *Ars magna* intentó resolver la ecuación $x(10 - x) = 40$ y encontró dos soluciones: $x = 5 + \sqrt{(-15)}$ y $x = 5 - \sqrt{(-15)}$. René Descartes introdujo por primera vez el término «número imaginario» en 1637 en el contexto de las soluciones a las ecuaciones polinómicas. Más de un siglo más tarde, Leonhard Euler asignó el símbolo i a $\sqrt{(-1)}$. En la década de 1830, Carl Friedrich Gauss introdujo el término «número complejo» para una expresión tal como $a + ib$.

CONTEO EN 3 SEGUNDOS

Los números complejos son números que se introdujeron para resolver ecuaciones que involucran el cálculo de la raíz cuadrada de números reales negativos.

TOTAL EN 3 MINUTOS

En la actualidad, gracias a la fórmula de Euler $e^{ix} = \cos(x) + i\sin(x)$, que es válida para cualquier número real x, y en la que la constante e es un número irracional definido como $e = 2.71828\ldots$ (de la que deriva la icónica identidad de Euler $e^{i\pi} + 1 = 0$), los números complejos son imprescindibles para describir fenómenos que presentan el comportamiento de onda, como la corriente alterna, en la que tanto la intensidad como el voltaje varían con el tiempo como una onda sinusoidal.

TEMA RELACIONADO

véase también
NÚMEROS REALES
página 14

MINIBIOGRAFÍA

LEONHARD EULER
1707-1783
Matemático suizo que realizó importantes descubrimientos en muchas áreas de la matemática e introdujo varias notaciones, incluyendo la letra i para denotar el número imaginario, y la e para denotar la base de la función exponencial y de los logaritmos naturales.

TEXTO EN 30 SEGUNDOS

Raluca Eftimie

Los números complejos pueden describir fenómenos físicos que se comportan como una onda.

NÚMEROS DISCRETOS

el tema en 30 segundos

Los números discretos solo pueden tomar algunos valores particulares, que no se pueden subdividir sin perder su identidad. Un ejemplo sería el número de canicas dentro de un frasco. De manera más formal, los números discretos pueden ser números tomados de un conjunto finito, o de un conjunto infinito que sea «numerable». Por esta razón, los números discretos son los primeros que se nos presentan cuando comenzamos a aprender conceptos matemáticos en la infancia, ya que se pueden utilizar para contar. Partiendo del primer caso (el más simple conceptualmente), un conjunto finito es simplemente un conjunto con un número finito de elementos, por ejemplo, los números naturales entre el 1 y el 10. Sin embargo, los números no deben ser necesariamente naturales; el conjunto {1,1; 2,34; 5,987; 6} es también un conjunto finito. Los números discretos también pueden formar conjuntos infinitos, siendo el ejemplo más conocido el de los números naturales 1, 2, 3, 4, etc. Lo importante para que los números sean discretos es que el conjunto sea «numerable». Esto significa que podemos colocar los números del conjunto en orden y emparejarlos biunívocamente con los números naturales (incluso si este proceso de emparejamiento continuase hasta el infinito). La diferencia entre los números discretos y los números continuos reside en que estos no se pueden contar porque entre dos números cualesquiera de un conjunto continuo siempre se encuentra otro número.

CONTEO EN 3 SEGUNDOS
Los números discretos son números tomados de un conjunto que únicamente contiene algunos valores; un ejemplo típico es el de los números naturales 1, 2, 3, 4, etc.

TOTAL EN 3 MINUTOS
Los números discretos constituyen la base de la «matemática discreta». Se utilizan para contar, y como tales constituyen la base de las ideas más elementales sobre cantidades. Entre los ejemplos más comunes se encuentran los números naturales (enteros positivos) o los bits (dígitos binarios) en el sistema binario de numeración utilizado en informática y comunicación digital, que puede tomar el valor de 0 o 1.

TEMAS RELACIONADOS
véanse también
NÚMEROS CONTINUOS
página 26

BASES NUMÉRICAS
página 108

TEXTO EN 30 SEGUNDOS
David Pontin

Aprender a contar es una de las primeras cosas que hacemos con los números, en particular con los números discretos.

NÚMEROS CONTINUOS

el tema en 30 segundos

Los números continuos se pueden utilizar para cuantificar conceptos que se pueden subdividir de un número infinito de maneras. Un ejemplo típico podría ser el peso de una manzana, la temperatura del aire en un punto o la distancia entre dos puntos en el espacio elegidos al azar. Pensemos en este último ejemplo, y para hacerlo más concreto, consideremos la distancia entre los puntos A y B. No existe ninguna restricción en cuanto a los valores que podría tener esta distancia porque podemos alejar o acercar A a B sin ninguna restricción. El ejemplo más común de un conjunto de números continuos es el de los «números reales»: está compuesto por todos los números positivos y negativos. Se pueden representar con números decimales, cuyo número de posiciones decimales puede ser infinito. A diferencia de los números discretos, los números continuos no son «numerables». Ni siquiera podemos colocarlos en orden con el propósito de contarlos, porque entre dos números cualesquiera de un conjunto continuo siempre hay otro número. En nuestra representación con decimales, dados dos números decimales cualesquiera siempre podemos encontrar un número entre ellos utilizando una posición decimal adicional después de aquella en la que ambos números coincidan en su representación decimal.

CONTEO EN 3 SEGUNDOS

Los números continuos son números que pueden tomar cualquier valor y que se utilizan para representar cosas que no se pueden contar, pero que en cambio se pueden medir, como por ejemplo, la distancia.

TOTAL EN 3 MINUTOS

Para comprobar que los números reales son continuos, busque un número entre 1 y 2. Tomemos, por ejemplo, el 1,1. También podemos encontrar un número real entre 1 y 1.1, por ejemplo el 1,01. Ahora, entre el 1 y el 1,01 se encuentra el 1,001, entre el 1 y el 1,001 está el 1,0001... Y esto podríamos hacerlo indefinidamente.

TEMA RELACIONADO

véanse también
NÚMEROS DISCRETOS
página 24

MINIBIOGRAFÍA

GEORG CANTOR
1845-1914
Matemático alemán que, en 1891, propuso su «argumento de la diagonal» que demuestra que los números reales no son numerables.

TEXTO EN 30 SEGUNDOS

David Pontin

Los números continuos se utilizan para representar cosas que se pueden medir, como la distancia, el peso o la temperatura.

CERO Y NÚMEROS NEGATIVOS

el tema en 30 segundos

A menudo el concepto de número se entiende por primera vez al contar objetos, y aunque el cero y los números negativos no se utilicen, facilitan algo más que el conteo. El cero representa la cantidad «nada» y es esencial para escribir números con el sistema numérico posicional; por ejemplo, para distinguir entre el 301 y el 31. El cero también suele representar un punto base, como el punto de congelación del agua, o el nivel del mar en los mapas. En estos ámbitos, los números positivos y negativos representan direcciones opuestas a partir del punto cero. Es posible realizar cálculos básicos utilizando el cero o los números negativos. Partiendo de cualquier número y sumándole o restándole 0, el número original no cambia. Al multiplicarlo por 0, obtenemos 0. Sin embargo, la división entre 0 no está definida. La suma o la resta con números negativos se puede entender en términos de dirección. Sumar −17 y (+)12 es equivalente a moverse 17 pasos en una dirección y después 12 en la dirección opuesta, acabando a 5 pasos del punto de partida (en negativo). La multiplicación (o división) puede realizarse ignorando inicialmente los signos negativos para obtener el resultado, y ajustando el signo de este último siguiendo la regla de que la multiplicación de dos números con el mismo signo produce un resultado positivo, mientras que la multiplicación de un número positivo y uno negativo produce un resultado negativo.

CONTEO EN 3 SEGUNDOS

El cero, o 0, representa la nada, ninguna cantidad, o un punto base en una escala. Un número negativo es un número real menor que cero.

TOTAL EN 3 MINUTOS

Los números negativos y el número cero son la base de la aritmética fundamental, y, por consiguiente, de la matemática, aunque también se usan habitualmente en la vida cotidiana. En el panel de control de un ascensor, la planta baja se indica a menudo con el 0, mientras que las plantas inferiores suelen tener números negativos. En finanzas, los números negativos se utilizan ampliamente para indicar adeudos.

TEMAS RELACIONADOS

véanse también
NÚMEROS REALES
página 14

POTENCIAS Y RAÍCES
página 30

BASES NUMÉRICAS
página 108

MINIBIOGRAFÍA

BHASKARA II
1114-1185
Matemático indio que escribió sobre el cálculo varios siglos antes de que fuese desarrollado en Europa y analizó los números negativos en su *Siddhānta Shiromani* («Corona de tratados») en 1150.

TEXTO EN 30 SEGUNDOS

John McDermott

El cero puede representar el punto de congelación del agua o el nivel del mar y los números negativos representan niveles inferiores.

POTENCIAS Y RAÍCES

el tema en 30 segundos

Una potencia es el resultado de la multiplicación repetitiva de un número por sí mismo. Tres filas de tres objetos son nueve. Esto se puede expresar como «tres al cuadrado es nueve» o «tres a la potencia dos es nueve» y se escribe matemáticamente como $3^2 = 9$, ya que el número 3 se multiplica dos veces. El número indicado en el superíndice se conoce como índice. El término «cuadrado» se utiliza porque tres filas de tres forman un cuadrado. La primera potencia de cualquier número es el mismo número: $3^1 = 3$. La raíz cuadrada de un número es un segundo número que, multiplicado por sí mismo, da el primero. La raíz cuadrada de 9, usualmente escrita como $\sqrt{9}$, es 3, y $\sqrt{25}$ es 5. El símbolo de la raíz cuadrada $\sqrt{\ }$ se puede utilizar para raíces más altas precedido de un superíndice, pero a menudo se expresa añadiendo al número un índice fraccionario: $9^{½} = 3$ y $81^{¼} = 3$. Las potencias de un número se pueden combinar para multiplicarlas: por ejemplo, $3^7 = 3 \times 3 \times 3 \times 3 \times 3 \times 3 \times 3 = 3^4 \times 3^3$, $3^5 \times 3^2$, etc., siempre que la suma de ambos índices sea 7. Como regla general, el producto de dos potencias de un número es ese mismo número elevado a la potencia suma de ambos índices: $3^7 \times 3^{-4} = 3^{7+(-4)} = 3^3 = 27$. Es posible combinar la misma potencia de dos números, incluso si son diferentes: $2^2 \times 3^2 = 4 \times 9 = 36 = 6^2 = (2 \times 3)^2$. Los índices negativos expresan fracciones de 1 divididas por esa potencia: $3^{-4} = 1/3^4 = 1/81$.

CONTEO EN 3 SEGUNDOS
La segunda, tercera o cualquier potencia de un número es el resultado de multiplicar dos, tres o más veces ese número por sí mismo. Las raíces son las inversas de las potencias.

TOTAL EN 3 MINUTOS
Las potencias de los números crecen muy rápido («exponencialmente»). Por ejemplo, mientras que 3^7 es apenas superior a 2000, 3^{12} ya supera el medio millón. Un gúgol o 10^{100} es muchísimo más grande que el número estimado de átomos en todo el universo, que es de apenas 10^{80}.

TEMAS RELACIONADOS
véanse también
CERO Y NÚMEROS NEGATIVOS
página 28
BASES NUMÉRICAS
página 108
LOGARITMOS
página 110
FRACCIONES
página 114

TEXTO EN 30 SEGUNDOS
John McDermott

Obtenemos el cuadrado de un número como resultado de la multiplicación de ese número por sí mismo.

24 de septiembre de 1501
Nace en Pavía, en el ducado de Milán (ahora forma parte de Italia).

1518
Comienza sus estudios universitarios en Pavía, antes de completarlos en Padua

1526
Obtiene el doctorado en Medicina

1532
Se traslada a Milán

1534
Nombrado profesor de Matemáticas en la Fundación Piatti en Milán

1537
Publica los dos primeros (de sus muchos) libros de matemáticas, entre ellos *Practica arithmetica et mensurandi singularis* («La práctica de la aritmética y las mediciones individuales»)

1543
Acepta la cátedra de Medicina en la Universidad de Pavía

1545
Publica su trabajo más famoso, *Artis magnae sive de regulis algebraicis liber unus*, conocido más comúnmente como *Ars magna*

1562
Nombrado profesor de Medicina en la Universidad de Bolonia

1570
Encarcelado, acusado de herejía, por la Inquisición

1571
Puesto en libertad, se traslada a Roma

21 de septiembre de 1576
Muere en Roma

GEROLAMO CARDANO

Gerolamo (o Girolamo) Cardano fue un polímata italiano que vivió una vida muy intensa y fue médico de profesión. Estudió Medicina en Pavía, donde nació, y más tarde en Padua, donde obtuvo su doctorado en 1526. Sin embargo, una vez finalizados sus estudios, le resultó difícil encontrar un empleo debido a su estilo combativo y a su nacimiento ilegítimo, por lo que se le negó repetidamente la entrada al Colegio de médicos de Milán. Durante un tiempo ejerció la profesión sin licencia y también se dedicó a las apuestas; su fascinación por los juegos de azar conducirían más tarde a Cardano a sentar las bases para la teoría de las probabilidades.

Finalmente Cardano adquirió una gran fama por los resultados de su práctica médica y, con la ayuda de algunos apoyos influyentes, fue nombrado profesor de Matemáticas en la Fundación Piatti en Milán en 1534. En 1537 publicó sus dos primeros libros sobre matemática, y en el transcurso de su vida escribiría más de 100 sobre matemática, medicina, teología, astronomía y filosofía.

En 1545 se publicó el trabajo más importante de Cardano, *Ars magna*, en el que presentaba las soluciones a ecuaciones cúbicas y cuárticas. Al hacerlo, se convirtió en la primera persona que trabajó con números imaginarios, reconociendo que en algunos casos la solución se obtenía en términos de la raíz cuadrada de números negativos. Al igual que la mayor parte de la vida de Cardano, la publicación de *Ars magna* no quedó exenta de controversia. En 1539, Cardano había entrado en contacto con Niccolò Tartaglia para aprender su método para resolver algunos tipos particulares de ecuaciones cúbicas, y supuestamente juró guardar el secreto hasta que el mismo Tartaglia publicara el trabajo. Cardano se consideró liberado de la promesa al saber que de hecho el problema había sido previamente solucionado por Scipione del Ferro, aunque el hecho desencadenó una disputa entre Cardano y Tartaglia.

La pasión de Cardano por los juegos de azar con naipes o dados lo llevarían a escribir más tarde otro libro muy influyente, *Liber de tudo aleae* («Libro sobre los juegos de azar»), publicado de manera póstuma. A lo largo de una vida en la que se dedicó intensamente al juego durante varios períodos prolongados, había llegado a la conclusión de que un análisis científico del juego podría permitir la determinación de los resultados más probables, y en *Liber de tudo aleae* sentó las bases para la teoría de las probabilidades y la estadística.

David Pontin

DISTRIBUCIONES ESTADÍSTICAS

DISTRIBUCIONES ESTADÍSTICAS
GLOSARIO

σ La letra griega sigma, que en estadística a menudo representa la desviación estándar de una población.

μ La letra griega mu, que en estadística a menudo representa el valor medio de un conjunto de datos.

censo Recuento de los individuos que conforman una población estadística. Se habla de censo de población cuando el objetivo es determinar el número de personas que componen un grupo, por lo general un país o una nación.

conglomerado Agrupación de puntos de datos similares o relacionados.

distribución binomial Distribución de probabilidad discreta de obtener exactamente *n* éxitos en un total de *N* intentos.

distribución ji-cuadrado Representada también como distribución χ^2, es una distribución de probabilidad continua que se puede utilizar como prueba de independencia entre variables o para comprobar si la distribución observada en un conjunto de datos coincide con una distribución teórica, lo que se conoce como prueba de «buen ajuste». También se utiliza en el análisis de las varianzas.

distribución de Gauss Otro término con el que se conoce la distribución normal, así nombrada en honor al matemático alemán Carl Friedrich Gauss.

distribución de Poisson Distribución de probabilidad discreta de la frecuencia de acontecimientos aleatorios durante un período de tiempo con una frecuencia constante.

distribución normal Distribución de probabilidad de variable continua muy frecuente cuya representación gráfica tiene forma de campana, conocida como campana de Gauss.

distribución t de Student Distribución de probabilidad continua con un tamaño de muestra pequeño. Fue desarrollada por el estadístico británico William Sealy Gosset bajo el seudónimo de «Student» ya que su empleador, la cervecería Guinness, no le permitió utilizar su propio nombre.

distribución uniforme Distribución con una probabilidad constante. También se conoce como distribución rectangular, como reflejo de su forma.

encuestador Persona que recoge los datos de un censo poblacional.

estadística inferencial Rama de la estadística que utiliza las distribuciones de probabilidad para determinar las propiedades de una población a partir de una parte de esta.

estrato Término que se utiliza en ocasiones para describir los conglomerados en un conjunto de datos.

población Conjunto de unidades similares que componen una colección seleccionada como parte de un experimento o censo.

subpoblación Subconjunto de una población grande, que habitualmente comparte una característica en particular, que suele ser el objeto de estudio.

ESTADÍSTICA

el tema en 30 segundos

La estadística es una parte de la matemática que define cómo se recogen los datos y la información procedentes de experimentos repetitivos. Incluye la organización y el análisis de los datos recogidos, así como el uso de varias pruebas para establecer lo que significan en el contexto de una pregunta en particular. Los datos se examinan para determinar el tipo de modelo estadístico (o distribución) que se puede aplicar, y cada modelo contará con un conjunto de pruebas estadísticas asociadas que se pueden llevar a cabo con los datos. Los experimentos se diseñan para crear un conjunto significativo de datos y las muestras que se generan deberían ser un reflejo de todo el conjunto de datos (denominado población) bajo estudio. Para generar una muestra del tamaño suficiente, se llevan a cabo muchos experimentos repetidos. Las pruebas estadísticas se utilizan para constatar las relaciones entre los conjuntos de datos y comprobar si existen diferencias reales entre ellos o si estas diferencias observadas se deben únicamente a la casualidad. Esto se conoce como hipótesis estadística o análisis de datos confirmatorios. Con la intención de aplicar las pruebas estadísticas correctas, es necesario conocer la distribución estadística del conjunto de datos. En ocasiones se puede determinar simplemente haciendo un gráfico con los datos y observando las tendencias que sugiere la forma del gráfico resultante.

CONTEO EN 3 SEGUNDOS
La estadística es un término general utilizado para describir un área de la matemática que describe la recogida, organización y análisis de datos, que habitualmente proceden de experimentos repetitivos.

TOTAL EN 3 MINUTOS
Se cree que la estadística se utilizó por primera vez en el siglo V, pero fue desarrollada de manera más consistente a partir de mediados del siglo XVII. Esta época fue testigo de la generación y recogida de tablas de datos relacionadas inicialmente con información sobre la población y otros acontecimientos mensurables como la temperatura, pero también con los datos resultantes de la experimentación.

TEMAS RELACIONADOS
véanse también
MUESTREO
página 42

PROBABILIDAD
página 82

MINIBIOGRAFÍA
FLORENCE NIGHTINGALE
1820-1910
Reformista social inglesa y primera mujer miembro de la Royal Statistical Society. Desarrolló gráficas estadísticas para demostrar que la higiene mejoraba la salud e incrementar la comprensión de los datos por parte del gran público.

TEXTO EN 30 SEGUNDOS
Niamh Nic Daéid

La representación gráfica de los datos facilita la percepción de posibles tendencias y relaciones.

10,000,000
9,000,000
1775
1791
1811
1837
1863
1913
1940
1950
1960
Gotthard-Tunnel

POBLACIÓN Y MUESTRAS

el tema en 30 segundos

Población es un término estadístico que hace referencia a todos los miembros de un grupo definido, por ejemplo, el peso medio de los bebés nacidos a término en un país durante un año. La población serán todos los bebés nacidos en ese país a partir de las 37 semanas de gestación. Una población se puede dividir en subpoblaciones, subconjuntos de una población con características adicionales que pueden no ser representativas del total, por ejemplo, los bebés *hembra* nacidos a término en el mismo país. Una muestra es un subconjunto que se elige como representativo de la población. Comparada con la subpoblación, la muestra no se elige con una característica adicional, sino para que refleje las características de toda su población, de manera que las estimaciones realizadas a partir de la misma sirvan para extraer conclusiones sobre la totalidad de la población. Por ejemplo, en lugar de recoger los datos de cada uno de los bebés nacidos a término, se puede tomar una muestra al azar de un pequeño subconjunto de bebés en todo el país que represente a toda la población. A veces es necesario modelar las subpoblaciones de manera separada y combinar sus efectos si existen distintas características entre los subgrupos; por ejemplo, si se sabe que los bebés de sexo masculino pesan más que los de sexo femenino. Lo ideal sería recoger los datos de toda la población, pero esto resulta prácticamente imposible, por lo que los investigadores se basan en muestras para inferir sobre toda la población.

CONTEO EN 3 SEGUNDOS

En estadística, el término población se refiere a todos los miembros, individuos o cosas en un grupo definido y objeto de estudio. Una muestra es una parte o subconjunto de la población objeto de estudio.

TOTAL EN 3 MINUTOS

El censo de población es un proceso de recogida de información: los datos demográficos, sociales y económicos de todos los individuos que viven en un país (la totalidad de la población). Los gobiernos suelen hacer censos en períodos regulares, utilizando encuestadores para recoger los datos de cada domicilio. Estos datos se utilizan con fines de desarrollo, asignación de recursos o con fines de investigación y planificación. A partir de los datos censales, se construyen marcos de muestreo (material fuente) de los que se extraen muestras para realizar estudios adicionales.

TEMAS RELACIONADOS

véanse también
MUESTREO
página 42

BOOTSTRAP
página 72

MINIBIOGRAFÍA

ALEXANDER IVANOVICH CHUPROV
1841-1908
Profesor ruso de economía política y estadística que introdujo la encuesta por muestreo en la Rusia imperial a principios de la década de 1870, al entrevistar a unos 4,5 millones de *mujiks* rusos con la esperanza de obtener una descripción estadística de la comunidad campesina rusa.

TEXTO EN 30 SEGUNDOS

Joyce Kafui Klu

Para obtener conclusiones significativas sobre una población utilizando una muestra, esta debe representar las características de la población y ser de un tamaño adecuado.

MUESTREO

el tema en 30 segundos

El muestreo es una técnica estadística que consiste en extraer un subconjunto de elementos de una población, que en este caso podría estar compuesta de personas, animales u objetos. El muestreo resulta útil en aquellas situaciones en las que el acceso a la totalidad de la población resulte prácticamente imposible, costoso y/o requiera de una gran cantidad de tiempo. La idea del muestreo consiste en utilizar la información de un subconjunto de artículos para extraer conclusiones sobre la totalidad de la población de interés. Por ejemplo, para determinar si una olla de sopa tiene la cantidad correcta de sal, se toma una cucharada (muestra) para extraer conclusiones sobre el nivel de sal en toda la olla (población). El muestreo puede realizarse al azar o de una forma organizada. Por ejemplo, para entrevistar a un número de individuos del directorio telefónico de una comunidad, se puede realizar el muestreo mediante la elección al azar del número necesario de números telefónicos de toda la lista (muestreo aleatorio); la selección de cada décimo número de teléfono en la lista (muestreo sistemático); la agrupación de los números de teléfono por áreas en la comunidad (estratos) y la toma de muestras en cada una de las áreas (muestreo estratificado), o mediante la división de la lista de números de teléfono en un número de grupos (conglomerados) y haciendo un muestreo de estos (muestreo por conglomerados).

CONTEO EN 3 SEGUNDOS

El muestreo es una selección de un conjunto de personas o casos que se consideran representativos de un grupo, para estudiar a determinar las características de aquel.

TOTAL EN 3 MINUTOS

El muestreo se emplea en muchos ámbitos. En la fabricación, y especialmente en el control de calidad, resulta prácticamente imposible examinar todos los artículos de un lote de producción para evaluar su calidad. En la mayoría de los casos, se toma una muestra consistente en una pequeña parte de los artículos de cada lote de fabricación y se examina para extraer conclusiones sobre la calidad de todo el lote.

TEMAS RELACIONADOS

véanse también
POBLACIÓN Y MUESTRAS
página 40

BOOTSTRAP
página 72

MINIBIOGRAFÍA

PIERRE-SIMON LAPLACE
1749-1827
Académico francés que realizó aportaciones significativas en los ámbitos de la matemática, la estadística, la física y la astronomía. Mediante una muestra, estimó la población de Francia en 1786.

TEXTO EN 30 SEGUNDOS

Joyce Kafui Klu

El muestreo aleatorio evita el sesgo dando a cada elemento de la población la misma oportunidad de ser seleccionado.

VARIABLES INDEPENDIENTES Y DEPENDIENTES

el tema en 30 segundos

CONTEO EN 3 SEGUNDOS

Las variables independientes son las que se manipulan en los experimentos y cuyos efectos se miden, en tanto que las dependientes son aquellas cuyos valores dependen de los de las variables independientes.

TOTAL EN 3 MINUTOS

Cualquier experimento científico incluye estas dos variables clave. Por ejemplo, el número de cigarrillos fumados (una variable independiente) puede investigarse en términos de sus efectos sobre la incidencia de cáncer de pulmón (una variable dependiente). O la climatología (una variable independiente) puede investigarse en términos de sus efectos sobre las ventas mensuales en una tienda (una variable dependiente).

Una variable describe algo que queremos medir (desde objetos a acontecimientos, comportamientos e incluso sentimientos). La variable independiente es aquella que se manipula en los experimentos, mientras que la variable dependiente mide el efecto de las variables independientes. En un experimento, es muy importante decidir cuáles de las variables son las independientes (que proponen la causa) y cuáles son las dependientes (que miden sus efectos). Este tipo de decisiones no siempre son fáciles y en última instancia dependen de las cuestiones que se investigan en los experimentos. Por ejemplo, la formulación de la pregunta «¿las personas que llevan una dieta saludable suelen realizar más ejercicio?» sugiere que se podría considerar la dieta como la variable independiente, mientras que el ejercicio sería la dependiente. Cuando se hace un gráfico de la correlación entre estas variables, solemos representar la variable dependiente en el eje vertical (y) y la independiente en el eje horizontal (x). Por lo tanto, podemos pensar en estas variables en términos de funciones: la variable dependiente (y) podría ser considerada una función de la variable independiente (x): $y = f(x)$.

TEMA RELACIONADO

véase también
VARIABLES ALEATORIAS
página 52

MINIBIOGRAFÍA

ANDREY KOLMOGOROV
1903-1987
Matemático ruso que formuló, en su libro de 1933, *Fundamentos de la teoría de la probabilidad*, una serie de axiomas que constituyen los fundamentos de la teoría de la probabilidad. El libro introducía de forma abstracta el concepto de variables aleatorias.

TEXTO EN 30 SEGUNDOS

Raluca Eftimie

Las variables dependientes e independientes en la vida real: las plantas dependen del agua para crecer, la buena salud depende de las frutas y las verduras.

DISTRIBUCIONES ESTADÍSTICAS

el tema en 30 segundos

CONTEO EN 3 SEGUNDOS
Una distribución estadística (o de probabilidad) describe la probabilidad de ocurrencia de cierto acontecimiento en un experimento.

TOTAL EN 3 MINUTOS
La mayoría de los datos se pueden representar mediante una de las distribuciones mencionadas aquí, y por lo tanto existen numerosas aplicaciones de estas distribuciones: desde el uso de la distribución de Poisson para representar el flujo del tráfico o el conteo de partículas durante la desintegración radiactiva hasta el uso de la distribución normal para abordar el CI de una persona.

La distribución es una función que describe la probabilidad de ocurrencia de un resultado experimental, que se representa numéricamente mediante una variable aleatoria. Basándose en los dos tipos de variables aleatorias, las discretas (que pueden tomar un número finito de valores) y las continuas (que pueden tomar cualquier valor en un intervalo), existen dos tipos de distribuciones: discretas y continuas. Las distribuciones discretas son la distribución binomial (que describe la probabilidad de éxitos en n sucesos independientes que únicamente pueden presentar dos resultados: «éxito» o «fracaso», y la distribución de Poisson (que describe la probabilidad de encontrar exactamente r sucesos en un intervalo dado de tiempo si estos sucesos ocurren de manera independiente con una frecuencia constante μ). Las distribuciones continuas incluyen la distribución normal (la más importante de todas las distribuciones, ya que describe una gran variedad de sucesos que ocurren al azar cuando se toma una muestra aleatoria lo suficientemente grande), la distribución t de Student (utilizada para muestras aleatorias de pequeño tamaño), la distribución exponencial (utilizada para modelar el intervalo entre dos ocurrencias), la distribución ji-cuadrado (utilizada en estadística inferencial para el contraste de hipótesis) y la distribución uniforme (utilizada tanto para datos discretos como continuos cuando los resultados tienen la misma probabilidad de ocurrencia).

TEMAS RELACIONADOS
véanse también
VARIABLES ALEATORIAS
página 52

PROBABILIDAD
página 82

TEXTO EN 30 SEGUNDOS
Raluca Eftimie

Las distribuciones estadísti[cas] pueden describir varios fenómenos físicos, como el recuento de partículas dura[nte] la desintegración nuclear.

DISTRIBUCIÓN NORMAL

el tema en 30 segundos

La distribución normal es una de las distribuciones más utilizadas en estadística. A principios del siglo XVIII, Abraham de Moivre fue el primero en describirla, en el contexto de las leyes de cambio que podrían regir los juegos de azar, y más tarde el marqués de Laplace y Carl Friedrich Gauss describieron la distribución normal clásica en el contexto de los errores para los datos astronómicos. La denominación «normal» fue resultado de una percepción incorrecta de los científicos del siglo XIX que pensaban que esta distribución describía el patrón natural de las distribuciones, y que cualquier cosa que se desviara de esta merecía una investigación. Si se conoce la media (μ) y la varianza (σ^2) (o la desviación estándar σ) de un conjunto de mediciones (x), la distribución de probabilidad que caracteriza este conocimiento es la distribución normal, cuya función de densidad, es decir, la probabilidad relativa por la que una variable aleatoria toma un icerto valor, se describe con la siguiente fórmula:

$$\frac{1}{\sigma\sqrt{2\pi}}\, e^{-(x-\mu)^2/2\sigma^2}$$

El valor de la media (μ) fija la localización de esta curva normal en el espacio de medida, mientras que la varianza describe la dispersión de los datos. Es más, esta fórmula nos dice que las observaciones (esto es, las medidas) en torno a la media μ tienen una mayor probabilidad de ocurrencia que las observaciones más alejadas de ella.

CONTEO EN 3 SEGUNDOS
Una distribución normal es una distribución simétrica que tiene forma de campana. Se considera una de las distribuciones más importantes en estadística.

TOTAL EN 3 MINUTOS
La importancia de la distribución normal en la vida real y su aplicabilidad a tantos problemas se deriva de un resultado matemático (conocido como Teorema del límite central) que afirma que si tomamos muestras aleatorias lo suficientemente grandes de una población con media μ y varianza σ^2, la media de la muestra podría aproximarse a la de una distribución normal.

TEMA RELACIONADO
véase también
DISTRIBUCIONES ESTADÍSTICAS
página 46

MINIBIOGRAFÍAS

ABRAHAM DE MOIVRE
1667-1754
Matemático francés conocido por la fórmula de Moivre, que relaciona a los números complejos con la trigonometría, y por su trabajo sobre las distribuciones normales.

CARL FRIEDRICH GAUSS
1777-1855
Matemático alemán que realizó grandes aportaciones en muchos ámbitos de la matemática y la astronomía, y utilizó la distribución normal de los errores de medición para predecir la posición del planeta enano Ceres.

TEXTO EN 30 SEGUNDOS
Raluca Eftimie

La distribución normal puede utilizarse para determinar la probabilidad de ganar en un juego de azar, como los juegos de naipes.

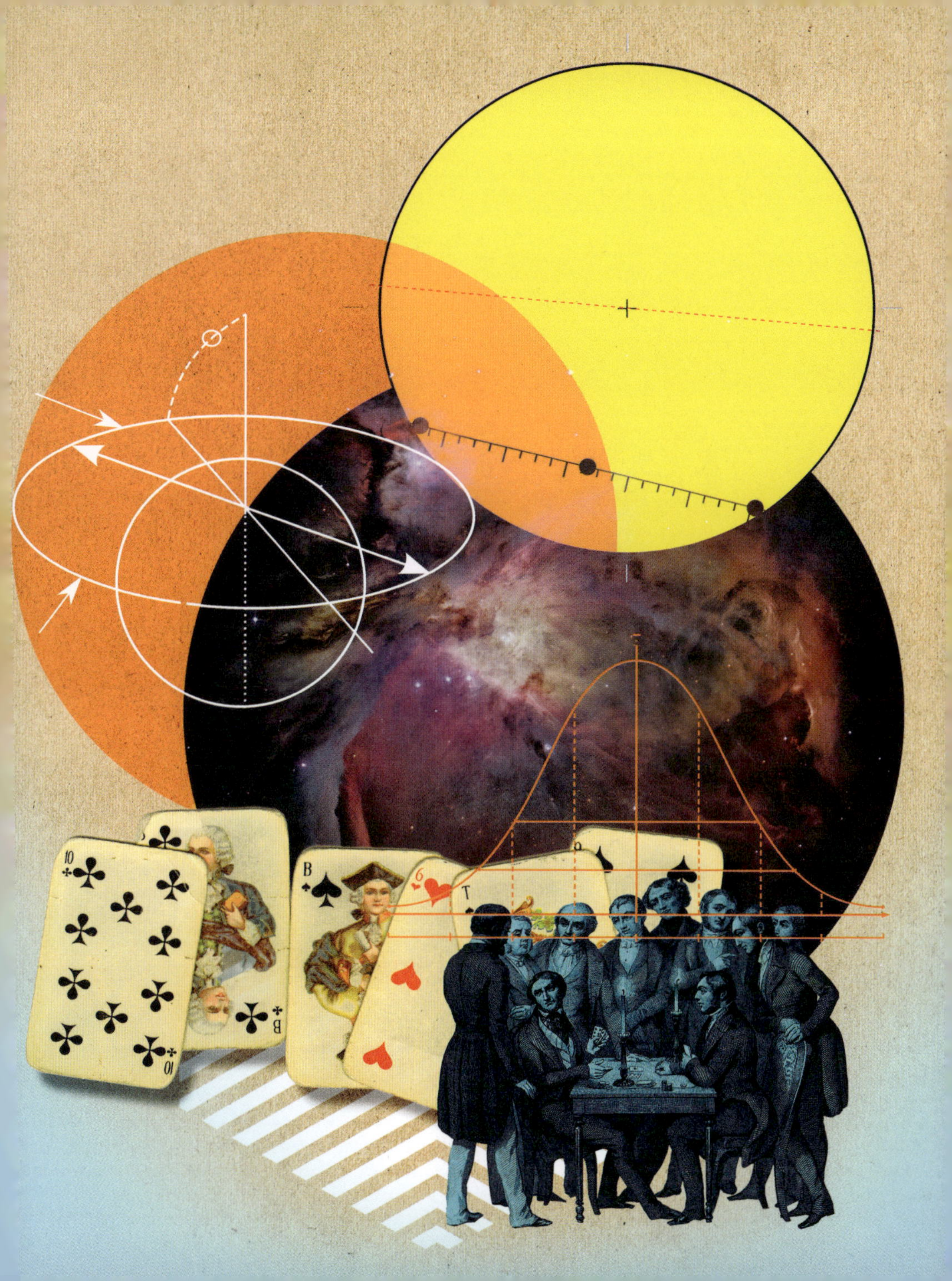

26 de mayo de 1667
Nace en Vitry-le-François, Francia

1678
Estudia en la Academia Protestante en Sedan, Francia

1682
Estudia en la Academia Protestante en Saumur, Francia

1684
Estudia Física en el College de Harcourt, en París

1687
Es admitido en la Savoy Church de Londres (se desconoce la fecha exacta del traslado de de Moivre a Inglaterra)

1697
Es elegido miembro de la Royal Society

1706
Adquiere la ciudadanía inglesa

1718
Publica *The Doctrine of Chances*, el primer libro sobre la teoría de la probabilidad

1725
Publica *Annuities upon Lives*, en el que emplea las estadísticas sobre mortalidad para formular la teoría de las anualidades

1730
Publica *Miscellanea analytica*, un compendio de sus resultados matemáticos

1754
Es admitido en la Real Academia de las Ciencias de París

27 de noviembre de 1754
Muere en Londres a los 87 años de edad

ABRAHAM DE MOIVRE

Abraham de Moivre nació en 1667 en Francia y asistió a la escuela desde una edad temprana. Además de sus estudios formales de latín y griego (en escuelas católicas y protestantes), aprendió aritmética con la ayuda de un tutor y también gracias a sus lecturas autodidactas. Estudió por su cuenta varios textos matemáticos sobre los juegos de azar y la geometría. Recibió sus primeras enseñanzas formales de matemáticas a los 17 años, cuando estudió Física en el Collège de Harcourt en París.

A raíz de la persecución religiosa de los protestantes en Francia (que comenzó en 1685), De Moivre se trasladó a Inglaterra, donde continuó leyendo libros de matemáticas por su cuenta (como *Principia Mathematica* de Newton), a la vez que impartía clases particulares.

De Moivre fue pobre toda su vida. Además de las clases particulares, era un cliente habitual del Slaughter's Coffee House en Londres (que también era uno de los lugares favoritos de reunión de los inmigrantes franceses y de los jugadores de ajedrez), donde los jugadores le pagaban por sus consejos sobre las probabilidades de ganar. Intentó conseguir una plaza de docente en las universidades holandesas e inglesas, aunque siempre fue rechazado. A pesar de ello, De Moivre escribió numerosos libros y artículos.

Desde un punto de vista científico, De Moivre es conocido por sus trabajos pioneros sobre la teoría de la probabilidad. Su trabajo *The Doctrine of Chances* (literalmente, «La doctrina de las probabilidades») contiene la definición de independencia estadística, así como la aproximación a la distribución binomial a través de la distribución normal. Este libro también presenta el cálculo de valores constantes que describen desviaciones estándar. Asimismo, es conocido por una fórmula que ahora lleva su nombre ($e^{nix} = cos(nx) + i\, sin(nx) = (cos\, x + i\, sin\, x)^n$), que relaciona los números complejos con las funciones trigonométricas.

De Moivre es famoso porque supuestamente predijo su propia muerte. Se dice que observó que había comenzado a dormir más cada noche, y pronosticó que moriría el día en que sus minutos adicionales de sueño acumularan 24 horas. La fecha predicha era el 27 de noviembre de 1754, día real de su muerte.

Raluca Eftimie

VARIABLES ALEATORIAS

el tema en 30 segundos

El valor de una variable aleatoria podría depender del resultado de un proceso «aleatorio» (por ejemplo, lanzar una moneda) o de los resultados posibles de un experimento que aún no se ha desarrollado, o en el que el resultado es una medida que incluye algún tipo de error. Estas variables aleatorias pueden adquirir valores dentro de un cierto intervalo, o en otras palabras, entre un valor máximo y uno mínimo. Estos valores máximos y mínimos pueden ser finitos o infinitos. Una variable aleatoria continua puede tomar cualquier valor en el intervalo (toma el valor de un conjunto de números continuos como los números reales). Este tipo de variable aleatoria es típica como resultado de una medición de longitud, de temperatura, de peso, etc. Por el contrario, las variables aleatorias discretas pueden tomar valores de un conjunto de números discretos. En otras palabras, únicamente pueden tomar ciertos valores dentro del intervalo (y el número de estos valores posibles es numerable); volviendo al ejemplo de lanzar una moneda, digamos 20 veces, el número de veces que sale cara es un número entero entre 1 y 20. Las teorías y técnicas estadísticas se desarrollan de manera separada para analizar las propiedades de los conjuntos de valores de las variables aleatorias discretas o continuas. Sin embargo, ambas están estrechamente relacionadas.

CONTEO EN 3 SEGUNDOS
Una variable aleatoria es aquella cuyo valor depende del azar. Para una variable aleatoria discreta, el valor que puede tomar está contenido en un conjunto de números discretos. Las variables aleatorias discretas y continuas difieren en los posibles valores que pueden tomar.

TOTAL EN 3 MINUTOS
Un ejemplo de variable aleatoria podría ser el número que se obtiene al tirar un dado. En este caso, los límites del intervalo son 1 y 6, y los valores permitidos de la variable aleatoria son únicamente 1, 2, 3, 4, 5 y 6, lo que la hace una variable aleatoria discreta.

TEMAS RELACIONADOS
véanse también
NÚMEROS DISCRETOS
página 24

NÚMEROS CONTINUOS
página 26

MINIBIOGRAFÍA
GEROLAMO CARDANO
1501-1576
Matemático italiano, uno de los primeros que intentaron analizar los resultados de los juegos de azar, descritos por variables aleatorias. Sus estudios sentaron las bases de la teoría de la probabilidad.

TEXTO EN 30 SEGUNDOS
David Pontin

Los resultados de los juegos de azar, como tirar un dado o lanzar una moneda, son variables aleatorias.

PRUEBAS ESTADÍSTICAS

PRUEBAS ESTADÍSTICAS
GLOSARIO

σ La letra griega sigma, que en estadística a menudo representa la desviación estándar de una población.

√ Símbolo matemático para la raíz cuadrada. La raíz cuadrada de un número, x, es otro número, y, con la propiedad de $y \times y = x$.

ANOVA (análisis de la varianza, por sus siglas en inglés) Prueba utilizada para examinar diferencias estadísticas entre dos grupos.

crisis de reproducibilidad Fenómeno reciente en varios campos científicos que se presenta al fracasar los intentos de reproducir los resultados de muchos estudios publicados, lo que hace pensar en una falta de rigor en las publicaciones y/o en la metodología.

diagrama de dispersión Gráfico de dos variables continuas sobre los ejes de coordenadas x e y.

distribución ji-cuadrado Representada también como distribución χ^2, es una distribución de probabilidad continua que se puede utilizar como prueba de independencia entre variables o para comprobar si la distribución observada en un conjunto de datos coincide con una distribución teórica, lo que se conoce como prueba de «buen ajuste». También se utiliza en el análisis de las varianzas.

error de observación Error técnico introducido durante la medición de cantidades o valores.

estimación puntual Valor único o exacto para un parámetro desconocido.

hipótesis nula Suposición por defecto en un experimento de que no hay relación entre las variables estudiadas.

mediana Valor central en un conjunto ordenado de números.

moda Valor más frecuente en un conjunto de números.

nivel de significación Límite definido para que un valor estadístico p se considere «significativo». Se suele establecer en 0,05.

prueba t Comparación por pares de dos conjuntos de datos con distribución normal bajo el supuesto de que provienen de la misma distribución.

valores plausibles Rango limitado en el que se espera encontrar el valor real.

varianza Medida de la variabilidad de una muestra o distribución. Es también el cuadrado de la desviación estándar.

PRUEBAS ESTADÍSTICAS

el tema en 30 segundos

Las pruebas estadísticas evalúan de manera cuantitativa la solidez de la evidencia de una determinada afirmación. El propósito de una prueba estadística es determinar si existe la suficiente evidencia para rechazar o no una afirmación determinada. Por ejemplo, se puede utilizar una prueba estadística para evaluar la afirmación de que la escuela A es mejor que la escuela B. La afirmación que se quiere probar se denomina hipótesis, que puede ser nula o alternativa. Una hipótesis nula, representada como H_0, es una afirmación de igualdad (no hay diferencia) entre las variables que se analizan. Por defecto, se considera que la hipótesis nula es cierta a menos que exista suficiente evidencia para demostrar lo contrario. Una hipótesis alternativa, representada como H_1, es una afirmación de desigualdad (diferencia) entre las variables analizadas. Por ejemplo, H_0 afirma que la escuela A es igual que la escuela B, mientras que H_1 afirma que la escuela A es mejor que la escuela B. Una prueba estadística contrastará la afirmación H_0 frente a la H_1 mediante el cálculo de un valor probabilístico denominado valor p. La hipótesis nula se rechaza si el valor p está por debajo de un límite determinado (*véase* pág. 66) y se acepta en caso contrario. El no poder rechazar H_0 implica que hay suficiente evidencia en los datos para apoyar la afirmación de igualdad (no diferencia) entre las variables analizadas.

CONTEO EN 3 SEGUNDOS
Una prueba estadística es un modo de investigar si la evidencia que proporcionan los datos es lo suficientemente sólida para respaldar una hipótesis dada.

TOTAL EN 3 MINUTOS
Dependiendo de las cuestiones específicas de interés, existen diferentes métodos para realizar las pruebas estadísticas, entre las que se encuentran la prueba t, el análisis de la varianza (ANOVA) y la ji-cuadrado. La prueba t se utiliza para probar la igualdad de dos medias poblacionales; para más de dos poblaciones, se utiliza el análisis de la varianza. La prueba ji-cuadrado compara variables categóricas, y se emplea para evaluar la interdependencia entre dos variables, así como para analizar si la distribución de los datos de una población se ajusta a un determinado modelo.

TEMAS RELACIONADOS
véanse también
VALORES P
página 66

INTERVALO DE CONFIANZA
página 70

CONTRASTE DE HIPÓTESIS
página 88

MINIBIOGRAFÍA
JOHN ARBUTHNOT
1667-1735
Médico escocés; primero en usar las pruebas estadísticas para investigar la proporción de varones y hembras al nacer, utilizando 82 años de registros de nacimientos en Londres.

TEXTO EN 30 SEGUNDOS
Joyce Kafui Klu

La imposibilidad de rechazar una hipótesis nula no significa que se acepte como verdadera, sino únicamente que hay suficiente evidencia para apoyarla.

SCHOOL

MEDIA

el tema en 30 segundos

CONTEO EN 3 SEGUNDOS

La media es un valor estadístico que refleja la tendencia central de los valores de un conjunto que, en ciertas condiciones, puede representar por sí solo a todo el conjunto.

TOTAL EN 3 MINUTOS

La media, la mediana y la moda son los tres valores estadísticos principales, aunque distintos, para determinar el punto central de un conjunto de datos. La mediana es un valor central que divide los datos en dos mitades iguales; la mediana de {2,3,5,7,8} es 5. La moda es el valor más frecuente en los datos; la moda de {1,3,3,7,9} es 3. En el caso de que algunos de los datos sean extremadamente pequeños o grandes (denominados valores atípicos), la mediana es preferible a la media, ya que esta resulta muy influenciada por los valores atípicos.

La media, también llamada promedio, es un valor central representativo de un conjunto de datos. El empleo de la media aritmética es el más conveniente al trabajar con grandes conjuntos de datos que deben resumirse en un valor único. Por ejemplo, al final de una semana, un médico que informe sobre el número total de pacientes atendidos a diario tendrá que declarar una media, dado que el número de pacientes atendidos cada día variará a lo largo de la semana. Un maestro puede resumir el desempeño de una clase utilizando la media. Esta media se calcula dividiendo la suma de todos los valores entre el número de valores sumados. La media así calculada, que se define como media aritmética, es la que se utiliza más habitualmente. Por ejemplo, si el número de pacientes atendidos en los días de una semana son {3,5,7,2,4,3}, la media de los pacientes atendidos diariamente será de cuatro ($[3 + 5 + 7 + 2 + 4 + 3]/6 = 4$). En aquellas situaciones en las que no se puede aplicar este cálculo de la media, se pueden utilizar otros tipos de media, como la geométrica y la armónica. La media geométrica se utiliza al comparar variables con propiedades muy diferentes. La media armónica se usa para encontrar la media de valores relacionados con velocidades o índices. La media calculada con los datos de toda la población se denomina media poblacional y la media obtenida de los datos de una muestra se conoce como media muestral.

TEMAS RELACIONADOS

véanse también

POBLACIÓN Y MUESTRAS
página 40

MUESTREO
página 42

DESVIACIÓN ESTÁNDAR
página 62

MINIBIOGRAFÍA

JAMES BRADLEY
1693-1762

Astrónomo inglés que utilizó la media para describir los resultados de su ensayo sobre las observaciones que condujeron al descubrimiento de la aberración de la luz.

TEXTO EN 30 SEGUNDOS

Joyce Kafui Klu

En la mayoría de los casos, la media poblacional se estima utilizando la media muestral, porque obtener datos sobre la totalidad de la población puede resultar imposible.

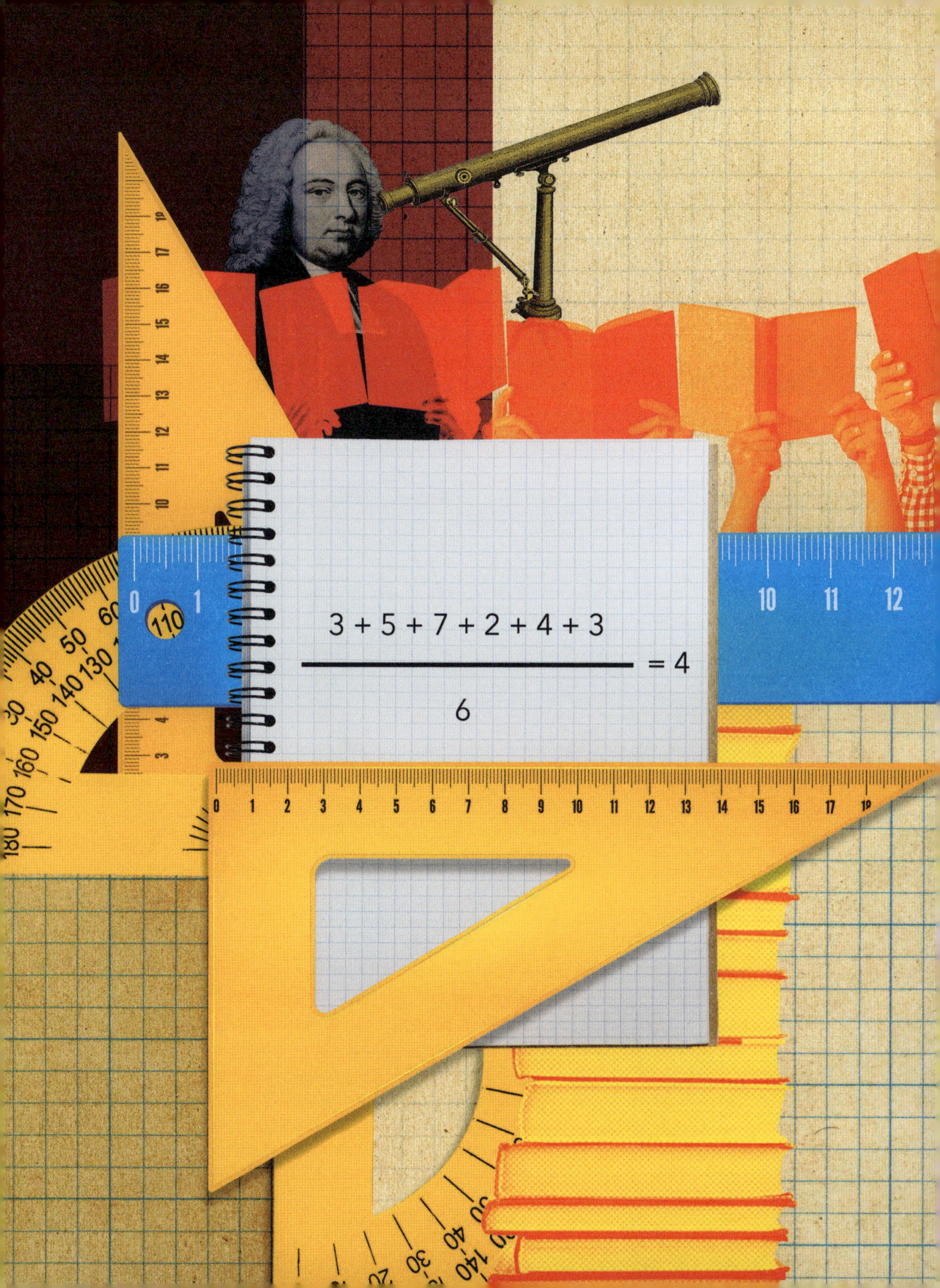
3 + 5 + 7 + 2 + 4 + 3
= 4
6

DESVIACIÓN ESTÁNDAR

el tema en 30 segundos

CONTEO EN 3 SEGUNDOS

La desviación estándar es una medida estadística sobre la variabilidad o la dispersión de un conjunto de datos respecto a la media.

TOTAL EN 3 MINUTOS

Para obtener el rango exacto de un parámetro desconocido, se utiliza la desviación estándar para calcular un intervalo de confianza; uno con una probabilidad de confianza asociada. Esto resulta particularmente útil para la toma de decisiones diarias en cuanto a inversiones. Dadas las distintas opciones de inversión, la desviación estándar mide el riesgo o la volatilidad asociada a cada opción para decidir cuál es la más indicada.

La desviación estándar mide cómo cada valor en un conjunto de datos se desvía de la media. Si es baja indica que los valores están cercanos a la media, y si es alta señala que los datos presentan una gran dispersión. Por ejemplo, una acción que paga un dividendo promedio del 5 % con una desviación estándar del 2 % implica que sería posible ganar entre un 3 % (5 − 2) y un 7 % (5 + 2). Si, en cambio, la desviación estándar fuera del 12 %, sería posible incurrir en una pérdida de un 7 % (5 − 12 = −7) o en un beneficio del 17 % (5 + 12). La desviación estándar se calcula como la raíz cuadrada de la varianza, que es el promedio de las desviaciones con respecto a la media aritmética elevadas al cuadrado. Por ejemplo, las notas de un examen en una clase son [63, 70, 55, 82, 59]. La desviación estándar se calcula en tres pasos. En primer lugar, se calcula la media: [63 + 70 + 55 + 82 + 59]/5 = 65,8. Después se determina la varianza: $[(63 - 65{,}8)^2 + (70 - 65{,}8)^2 + (55 - 65{,}8)^2 + (82 - 65{,}8)^2 + (59 - 65{,}8)^2]/(5 - 1) = 450{,}8/5 = 112{,}7$. Finalmente, se calcula la raíz cuadrada de la varianza: $\sqrt{(112{,}7)} = 10{,}6$. Si la única información disponible es un valor medio de 65,8 y una desviación estándar de 10,6, es posible afirmar que las notas de la clase están entre 55,2 (65,8 − 10,6) y 76,4(65,8 + 10,6). El conocimiento de la desviación estándar junto con la media proporciona una mejor imagen sobre la variabilidad de los datos, lo que resulta útil a la hora de tomar decisiones.

TEMAS RELACIONADOS

véanse también
MEDIA
página 60

INTERVALO DE CONFIANZA
página 70

RANGOS
página 144

TEXTO EN 30 SEGUNDOS

Joyce Kafui Klu

La desviación estándar indica cuán representativa es la media calculada para un conjunto de datos.

ERROR DE MEDICIÓN

el tema en 30 segundos

El error de medición, también conocido como error experimental, se define como la diferencia entre el valor medido y el «valor verdadero». Por ejemplo, un termómetro podría dar una lectura de 9 ºC cuando, de hecho, la temperatura verdadera es de 8 ºC. Los errores de medición puede ser aleatorios o sistemáticos. Los aleatorios ocurren de manera natural debido a las fluctuaciones en la lectura de los instrumentos. Estos errores no se pueden controlar o evitar; por ello, una medición repetida bajo las mismas condiciones ofrecerá resultados distintos. El efecto de los errores aleatorios se puede reducir a través de mediciones repetidas y calculando la media de los resultados. Por otra parte, el error sistemático puede ocurrir por una falta de precisión o una calibración incorrecta de los instrumentos, lo que introduce un error constante o predecible en el valor verdadero, que afecta a todas las mediciones. Cuando se presenta el error sistemático, una medición repetida bajo las mismas condiciones arrojará los mismos resultados. Esto hace que los errores sistemáticos sean difíciles de detectar, pero si se consigue identificar la fuente del error, son fáciles de corregir. El error sistemático y el aleatorio conforman el error total asociado a una medición. Evitar totalmente los errores, en especial los aleatorios, puede ser imposible. Sin embargo, es muy importante tomar las medidas necesarias para asegurar que las mediciones se realicen con el mayor cuidado a fin de reducir los errores si se espera que los resultados sean fiables.

CONTEO EN 3 SEGUNDOS
El error de medición es la diferencia entre el valor medido de una variable y su valor verdadero.

TOTAL EN 3 MINUTOS
La estimación del error de medición (incertidumbre) es un requisito creciente en los laboratorios de ensayo para conseguir los estándares mundiales de acreditación. La policía y la justicia se apoyan fundamentalmente en los resultados de los laboratorios para estimar la cantidad de sustancias ilegales en la orina o la sangre de una persona. Cuando se obtiene el valor medido de una sustancia ilegal, se estima la incertidumbre y se resta de la cantidad medida para justificar los posibles errores del instrumento y de los métodos utilizados.

TEMAS RELACIONADOS
véanse también
DESVIACIÓN ESTÁNDAR
página 62

INTERVALO DE CONFIANZA
página 70

MINIBIOGRAFÍA
WILLIAM GEMMELL COCHRAN
1909-1980
Estadístico escocés-americano y autor de los primeros libros de texto sobre la medición o el error de observación y los diseños experimentales.

TEXTO EN 30 SEGUNDOS
Joyce Kafui Klu

En estadística, el error no se considera una equivocación, sino una desviación en la medición que resulta inevitable incluso en un marco experimental correcto.

VALOR P

el tema en 30 segundos

Muchos experimentos se basan en estudios de casos y controles en los que se hacen pruebas sobre dos grupos: uno de ellos es el «control» y el otro es el «caso». El grupo de control se somete a condiciones «normales» pero controladas, como una temperatura constante, mientras que el grupo caso se somete a temperaturas diferentes. Se mide la respuesta, como puede ser, por ejemplo, el crecimiento de las plantas. El efecto medio sobre el grupo caso se compara con el control mediante la denominada prueba de significación de la hipótesis nula (H_0). Una prueba estadística (*véase* pág. 58) nos permite determinar si la diferencia entre las condiciones es o no significativa. La prueba estadística calcula un valor p, que es la probabilidad de que el dato sea igual o más extremo que su valor observado. Como todas las probabilidades, el valor p se encuentra entre 0 y 1; 1 significa la casi certeza y 0 la casi imposibilidad. Por tanto, si la prueba estadística proporciona un valor cercano a 0, es improbable que el efecto observado se deba al azar y es posible rechazar H_0. En 1925, el estadístico Ronald Fisher sugirió que si $p < 0,05$, el resultado era estadísticamente significativo. Desde entonces, esta sugerencia se ha convertido en norma, lo que ha llevado a una mala interpretación del valor p y a una excesiva confianza en ella. Un resultado que solo es estadísticamente significativo no refleja la magnitud del efecto, ni su posible generalización. Y lo que es más importante, no garantiza que la variable controlada sea la causa del resultado.

CONTEO EN 3 SEGUNDOS

El valor p permite comprobar si los resultados de un experimento son estadísticamente significativos.

TOTAL EN 3 MINUTOS

Los valores p son un recurso útil para decidir si vale la pena continuar investigando un deteminado resultado. Sin embargo, su uso excesivo en la literatura científica lo ha implicado de una manera polémica en una «crisis de reproducibilidad», lo que ha motivado a los estadísticos más experimentados (como los de la American Statistical Association) a proporcionar guías sobre la manera de utilizar los ensayos estadísticos de manera efectiva.

TEMAS RELACIONADOS

véanse también
PROBABILIDAD
página 82

CONTRASTE DE HIPÓTESIS
página 88

MINIBIOGRAFÍA

SIR RONALD AYLMER FISHER
1890-1962
Estadístico y genetista británico cuyo trabajo pionero sobre la aleatoriedad y la varianza tuvieron un gran impacto en la práctica eficiente de la agricultura.

TEXTO EN 30 SEGUNDOS

Christian Cole

Los experimentos científicos controlan variables y miden los resultados numerosas veces a fin de calcular la significación estadística mediante los valores p.

°C
50 40 30 20 10 0 10 20 30 40 50
°C
50 40 30 20 10 0 10

11 de agosto de 1895
Nace en Hampstead, Londres

1920
Se licencia en Matemáticas en el Trinity College, Cambridge

1921
Es nombrado profesor conferenciante en el Departamento de Estadística Aplicada en el University College de Londres

1924
Deviene editor asistente de la revista *Biometrika*

1933
Es nombrado profesor asociado en el Departamento de Estadística Aplicada en el University College de Londres

1933
Es elegido Jefe del Departamento de Estadística Aplicada en el University College de Londres

1935
Es nombrado catedrático del Departamento de Estadística Aplicada en el University College de Londres

1935
Recibe el premio Weldon Memorial

1936
Pasa a ser director editorial de *Biometrika*

1946
Es nombrado Comendador de la Orden del Imperio Británico (CBE)

1955
Recibe la Medalla Guy de oro

1955
Es elegido presidente de la Royal Statistical Society

1966
Es elegido miembro de la Royal Society

12 de junio de 1980
Muere en Midhurst, Inglaterra

EGON PEARSON

Egon Sharpe Pearson nació en Londres, hijo de Maria Sharpe y Karl Pearson, un renombrado matemático y bioestadístico, conocido por su desarrollo de importantes técnicas estadísticas de amplio uso en la actualidad, incluyendo los coeficientes de correlación y regresión, la prueba ji-cuadrado, el valor p y el método de momentos.

De tal palo, tal astilla; Egon Pearson estudió en la Dragon School y en el Oxford and Winchester College, tras lo que fue admitido para cursar los estudios de matemáticas en el Trinity College, Cambridge, en 1914. La Primera Guerra Mundial interrumpió sus estudios en Cambridge, pero después de la guerra se estableció un examen militar especial (Military Special Examination) para ayudar a aquellos cuyos estudios habían quedado interrumpidos por la guerra. Egon Pearson se acogió a este examen, tras el cual se licenció en el Trinity College, Cambridge.

Asumió un cargo de profesor conferenciante en el Departamento de Estadística aplicada de su padre, en el University College de Londres. Aunque recibió ese nombramiento, su padre no le dio la oportunidad de ejercerlo, en cambio, Egon asistía a las clases de su padre. En esta época comenzó a realizar trabajos de investigación de gran calidad sobre estadística, y devino editor asistente de *Biometrika*, una revista estadística cofundada por su padre. Sus trabajos de investigación constituyeron una gran aportación al campo de la estadística. Más tarde asumiría la jefatura del departamento, cuando su padre renunció debido a su mala salud.

Egon Pearson es famoso por haber desarrollado, junto con Jerzy Neyman, la teoría de Neyman-Pearson para el contraste de hipótesis estadísticas, que sentó la base de la teoría moderna del contraste de hipótesis. A lo largo de su carrera, desarrolló varias metodologías estadísticas y avances en el uso de la razón de verosimilitud para la inferencia estadística. También fue pionero en la aplicación de los métodos estadísticos en otros campos, incluyendo la estandarización industrial y el control de calidad, la investigación agrícola y la evaluación y prueba de armamento durante y después de la Segunda Guerra Mundial.

Pearson recibió varias distinciones por sus importantes aportaciones a la estadística moderna. Aunque no era una figura pública, sus continuadas contribuciones a la publicación, la enseñanza y la supervisión quedaron reconocidas con honores, entre los que se encuentran el título de CBE, la Medalla Guy de oro, la Presidencia de la Royal Statistical Society y la membresía de la Royal Society.

Joyce Kafui Klu

INTERVALO DE CONFIANZA

el tema en 30 segundos

El intervalo de confianza utiliza los datos de una muestra para calcular un rango de valores que pueden contener el valor verdadero de un parámetro de interés desconocido de una población, con un porcentaje de probabilidad especificado. En la práctica suelen utilizarse las probabilidades del 90 %, 95 % o 99 %. Un intervalo de confianza del 95 % significa que si se extraen numerosas muestras de la misma población y se calcula un intervalo de confianza, en un 95 % de los casos este intervalo contendrá el parámetro poblacional verdadero. Se puede contrastar un intervalo de confianza con una estimación puntual, que calcula un valor único o exacto para el parámetro desconocido. La idea del intervalo de confianza es comprender la variabilidad asociada a un parámetro estimado y mejorar su confiabilidad calculando un rango de valores plausibles (en lugar de un único valor) que contendrá el valor auténtico del parámetro desconocido. La amplitud del intervalo de confianza viene influenciada por el porcentaje de probabilidad especificado, el tamaño de la muestra tomada y la variabilidad de los datos. Un alto porcentaje de probabilidad ampliará el intervalo de confianza calculado. Cuanto mayor sea la variabilidad de los datos, tanto más amplio será el intervalo de confianza calculado. Con un tamaño de muestra grande, se puede conseguir una buena estimación del parámetro poblacional desconocido con un intervalo de confianza estrecho.

CONTEO EN 3 SEGUNDOS

El intervalo de confianza es un término estadístico que se refiere a un rango de valores calculados para un porcentaje de probabilidad especificado, en el que se cree que se encuentra el valor verdadero de un parámetro.

TOTAL EN 3 MINUTOS

El intervalo de confianza puede utilizarse para el contraste estadístico de hipótesis; una prueba para rechazar o aceptar una afirmación. Por ejemplo, si se declara que el medicamento A no es efectivo, entonces esta afirmación queda confirmada si el intervalo de confianza calculado contiene el cero (por ejemplo, −2 a 3) y no queda confirmada si el intervalo de confianza no contiene el cero (por ejemplo, 2 a 6). Por tanto, el intervalo de confianza tiene una influencia significativa en el proceso de toma de decisiones.

TEMAS RELACIONADOS

véanse también
CERO Y NÚMEROS NEGATIVOS
página 28
DISTRIBUCIONES ESTADÍSTICAS
página 46
MEDIA
página 60
DESVIACIÓN ESTÁNDAR
página 62

MINIBIOGRAFÍA

JERZY NEYMAN
1894-1981
Matemático y estadístico polaco que introdujo la idea del intervalo de confianza en 1937. Su innovador trabajo sobre los experimentos aleatorios, el muestreo y el contraste de hipótesis sentaron la base de las técnicas modernas más avanzadas.

TEXTO EN 30 SEGUNDOS

Joyce Kafui Klu

Los minoristas utilizan los intervalos de confianza para tomar decisiones sobre los niveles de existencias, como la cantidad de artículos a almacenar de cada una de las tallas.

83 84 85 86 88 89 90 91 92 93 94

BOOTSTRAP

el tema en 30 segundos

CONTEO EN 3 SEGUNDOS
El *bootstrap* es una técnica estadística de remuestreo a partir del mismo conjunto de datos, con la finalidad de determinar la variabilidad (distribución) de una estimación.

TOTAL EN 3 MINUTOS
Debido a la naturaleza sensible de la mayoría de los datos médicos, los investigadores en el ámbito de la medicina utilizan las técnicas de *bootstrap*. En la mayoría de los casos, los datos obtenidos son demasiado pequeños para su análisis y requieren el uso de muestras de *bootstrap*. Las muestras generadas por *bootstrap* se utilizan para estimar las desviaciones estándar y los intervalos de confianza, a partir de las cuales se analizan la distribución y la variabilidad asociadas con el parámetro desconocido que interesa.

El *bootstrap* es un método para extraer muestras de manera repetitiva (remuestreo) del mismo conjunto de datos. El *bootstrap* genera múltiples versiones de conjuntos de datos a partir de los cuales se pueden comparar los valores de los parámetros calculados y así comprender la variabilidad de los parámetros estimados. Por ejemplo, para estimar la edad media de los fumadores en una comunidad, resultaría prácticamente imposible entrevistar a cada individuo (la población), por lo que se entrevista a una muestra aleatoria de individuos. A partir de ahí, ¿qué confianza podemos tener en que la media estimada utilizando esta muestra esté cerca de la de la población? Como resulta poco práctico volver a tomar muestras una y otra vez, el *bootstrap* es una manera de generar muchas muestras diferentes a base de un muestreo con reemplazo a partir de la muestra recogida originalmente. Suponiendo que las edades de cinco fumadores son {18, 21, 25, 28, 31}, se pueden extraer muchas muestras (miles) de *bootstrap* de estos datos: {21, 25, 21, 21, 28}, {21, 25, 18, 21, 28}, {21, 25, 21, 25, 28}, {18, 25, 21, 21, 18}, {31, 25, 21, 31, 28}, y así sucesivamente. La idea del *bootstrap* es generar muchas versiones de un conjunto de datos para comprender la estabilidad de los resultados estimados. Es particularmente útil en aquellas situaciones en las que los datos son limitados o difíciles de obtener. La muestra inicial debe ser representativa de la población, de tal manera que las muestras extraídas sean comparables a la población.

TEMAS RELACIONADOS
véanse también
POBLACIÓN Y MUESTRAS
página 40

MUESTREO
página 42

INTERVALO DE CONFIANZA
página 70

PERMUTACIONES
Y COMBINACIONES
página 120

MINIBIOGRAFÍA
BRADLEY EFRON
1938-
Estadístico estadounidense, el primero en proponer la técnica de remuestreo de *bootstrap*. Su trabajo ha tenido un gran impacto en la estadística, como disciplina y en sus ámbitos de aplicación.

TEXTO EN 30 SEGUNDOS
Joyce Kafui Klu

La tecnología informática más avanzada ha mejorado el tiempo y los recursos necesarios para generar numerosas muestras de* bootstrap *para su análisis.

ERROR ESTÁNDAR

el tema en 30 segundos

CONTEO EN 3 SEGUNDOS
El error estándar mide el grado de variabilidad de un valor estadístico. A menudo, el valor en cuestión es la media, en cuyo caso tenemos el «error estándar de la media».

TOTAL EN 3 MINUTOS
El error estándar de la media es similar, y a menudo se confunde con la desviación estándar. Esta describe la variabilidad de un conjunto de mediciones. Por otra parte, para describir la incertidumbre asociada a la estimación de la media (de una población basándonos en la media de una muestra), utilizamos el error estándar de la media.

El error estándar está íntimamente relacionado con la idea de una desviación estándar, pero se trata de conceptos diferentes. A menudo, en estadística, tomamos una muestra (es decir, seleccionamos algunos miembros de una población de mayor tamaño) y calculamos variables estadísticas sobre esa muestra para inferir algo sobre la población como un todo. Por ejemplo, podemos calcular la media de la muestra. Sin embargo, si tomáramos una muestra diferente (seleccionando a miembros diferentes de la población total), obtendríamos una media distinta, y así sucesivamente. Debemos tener en cuenta que cada muestra tendrá también su propia desviación estándar. Pero ninguna de las medias muestrales obtenidas será igual a la media de la población, que es lo que realmente queremos saber. Sin embargo, de manera intuitiva, a medida que aumentamos el tamaño de la muestra (con respecto al tamaño de la población), esperaríamos que la media muestral se acercara más a la media poblacional (de hecho, si el tamaño de la muestra y el de la población fueran iguales, ambas serán una y la misma). Esta idea se refleja en la definición del error estándar de la media (o SEM, por sus siglas en inglés). Se calcula mediante la fórmula $SEM = \sigma/\sqrt{n}$, donde n es el tamaño de la muestra y σ puede ser la desviación estándar de la población (con lo que se obtiene el SEM exacto) o la desviación estándar de la muestra (obteniendo una aproximación del SEM).

TEMAS RELACIONADOS
véanse también
POBLACIÓN Y MUESTRAS
página 40

MUESTREO
página 42

MEDIA
página 60

DESVIACIÓN ESTÁNDAR
página 62

TEXTO EN 30 SEGUNDOS
David Pontin

El cálculo de un valor estadístico a partir de una muestra y no de toda la población conduce al concepto de error estándar.

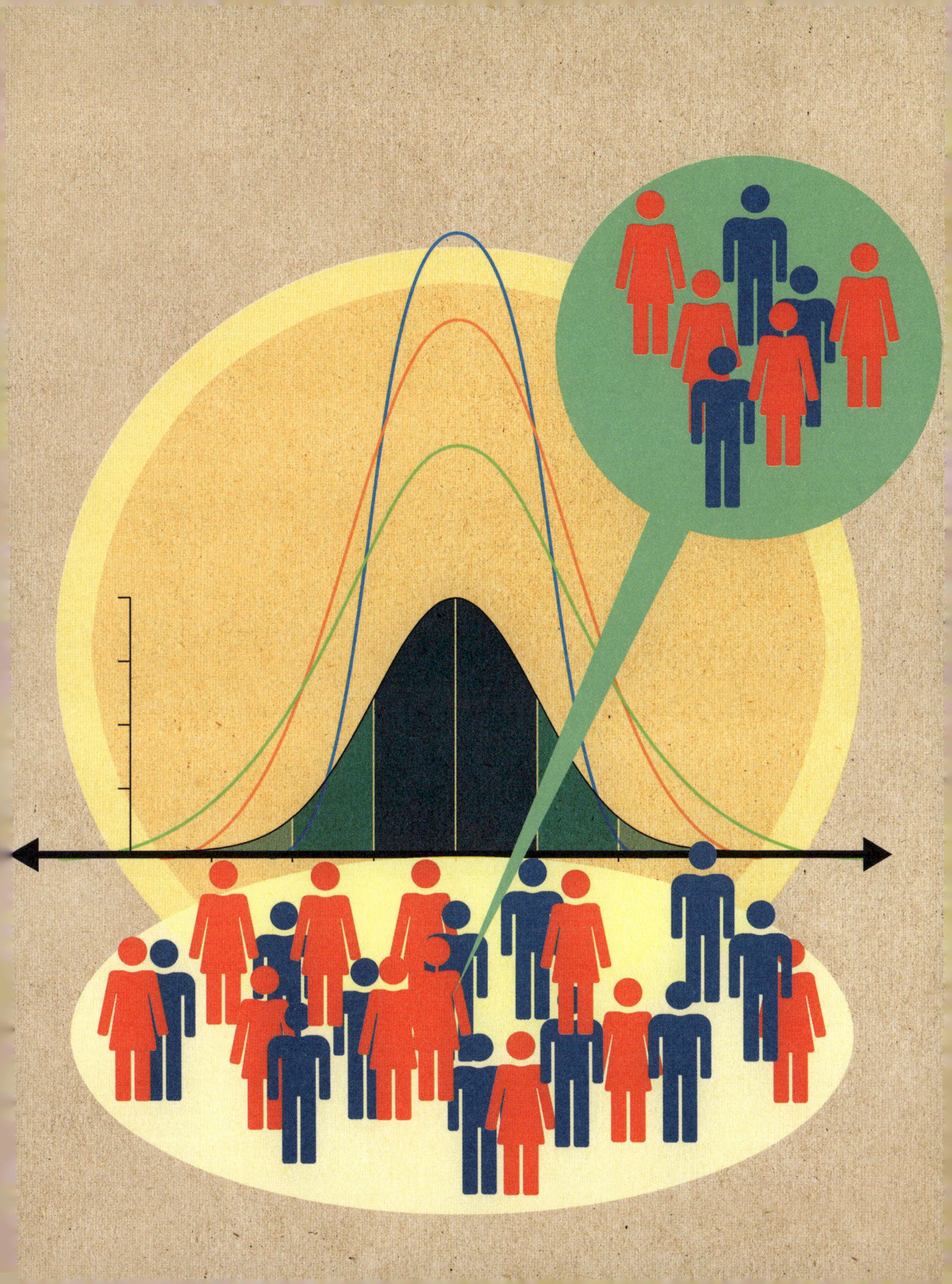

REGRESIÓN LINEAL Y CORRELACIÓN

el tema en 30 segundos

La regresión lineal y la correlación son modelos matemáticos estadísticos relacionados que se utilizan para determinar el grado de dependencia entre variables. Con la regresión lineal se busca determinar el valor esperado de una variable dependiente en términos de una o más variables independientes conocidas. La correlación describe una relación entre variables que es simétrica, y ninguna de ellas debe ser necesariamente dependiente o independiente. La regresión lineal simple trata los casos con una única variable independiente. Con dos variables, los datos se pueden representar con un gráfico de dispersión bidireccional. La idea es describir la relación encontrando la línea recta que mejor se ajuste a los datos siguiendo el criterio de alguna medida. La medida más común es la de los *mínimos cuadrados ordinarios*, que busca minimizar la suma de los cuadrados de las desviaciones de los puntos de datos observados con los de la línea; pero también es posible utilizar otras medidas. La correlación entre dos variables es la cantidad en que varía una de ellas en promedio, cuando la otra cambia una cierta cantidad. La regresión lineal suele utilizarse cuando el experimentador manipula la variable independiente, por ejemplo, el tiempo, la concentración, etc. Por su parte, la correlación se suele usar con mayor frecuencia cuando el experimentador mide ambas variables. La correlación no implica causalidad: es posible que las ventas de helado y protector solar estén correlacionadas, pero ninguna es causa de la otra.

CONTEO EN 3 SEGUNDOS

La regresión lineal examina la dependencia del valor esperado de una variable sobre una o más variables. La correlación mide la interdependencia entre variables.

TOTAL EN 3 MINUTOS

La regresión lineal se utiliza en el ámbito financiero para analizar el precio de los productos básicos; en economía para relacionar indicadores importantes como el (des)empleo, la inflación y el PIB; en medicina para influir sobre las políticas del gasto sanitario; en el ejército y en numerosos entornos más. La correlación se usa de manera similar, pero se presta a abusos.

TEMAS RELACIONADOS

véanse también
ESTADÍSTICA
página 38

VARIABLES INDEPENDIENTES Y DEPENDIENTES
página 44

MEDIA
página 60

CONTRASTE DE HIPÓTESIS
página 88

MINIBIOGRAFÍA

KARL PEARSON
1857-1936
Matemático inglés que da nombre al ampliamente utilizado coeficiente de correlación. Fundó el primer departamento de Estadística universitario en todo el mundo, en el University College de Londres.

TEXTO EN 30 SEGUNDOS

John McDermott

Es posible que exista una relación prácticamente lineal entre variables correlacionadas.

PROBABILIDAD Y RIESGO

PROBABILIDAD Y RIESGO
GLOSARIO

algoritmo Método matemático o informático utilizado para obtener un resultado.

aprendizaje automático Algoritmo estadístico e informático que aprende a partir de los datos utilizando un sistema de prueba y error con datos conocidos.

falso positivo/negativo Predicción considerada verdadera cuando debería ser falsa o falsa cuando debería ser verdadera.

hipótesis nula Suposición por defecto en un experimento de que no hay relación entre las variables observadas.

pequeño teorema de Fermat Teorema que afirma que dado un número primo, p, y un entero, a, entonces, $a^p - a$ es un entero múltiplo de p.

petabyte Valor de 2^{50} bytes, abreviado PB.

principio del tiempo mínimo de Fermat Principio que afirma que la luz siempre viaja entre dos puntos siguiendo el camino que requiera el menor tiempo.

probabilidad objetiva Probabilidad de que ocurrirá algo basándose en datos fácticos o históricos observados.

probabilidad subjetiva Probabilidad de que ocurrirá algo basándose en la experiencia o el conocimiento.

teorema de Fermat sobre la suma de dos cuadrados Teorema que afirma que un número primo p se puede expresar como la suma de los cuadrados de dos enteros si y solo si $p = 4k + 1$, siendo k un número natural cualquiera. Estos números primos constituyen el conjunto de los primos pitagóricos.

último teorema de Fermat Conjetura formulada por el matemático francés Pierre de Fermat en 1637 que afirma que no existen números enteros positivos a, b y c que satisfagan la ecuación $a^n + b^n = c^n$ para cualquier valor entero de n superior a 2. El teorema no se demostró hasta 1994.

valor crítico Valor tomado de una distribución estadística como límite para determinar si un estadístico de prueba es más extremo o no que lo esperado.

PROBABILIDAD

el tema en 30 segundos

La probabilidad proporciona una medida de la posibilidad de que ocurra un hecho específico. El valor de la probabilidad está entre 0 (no hay posibilidad de ocurrencia) y 1 (es seguro que ocurrirá). Cuanto mayor sea la probabilidad de ocurrencia, tanto más cercano estará su valor a 1. Por ejemplo, la probabilidad de sacar cara o cruz en una moneda no trucada (una que tenga cara y cruz) es 0,5 o 50 %. La probabilidad se puede considerar a grandes rasgos desde dos perspectivas diferentes. La primera es la probabilidad objetiva o frecuentista, donde la probabilidad de que ocurra un hecho viene descrita por la frecuencia relativa de ocurrencia del suceso en una serie de experimentos científicos repetitivos. Esto genera un número que describe la probabilidad de forma objetiva. La segunda es la probabilidad subjetiva, la más popular de las cuales es la bayesiana, en la que intervienen tanto el conocimiento experto como los datos experimentales para determinar la probabilidad de ocurrencia de un suceso. El conocimiento experto viene determinado por una razón de posibilidad que es subjetiva, y los datos experimentales se incorporan a modo de razón de certidumbre que se multiplican entre sí para calcular la probabilidad de que ocurra el hecho. La probabilidad bayesiana se utiliza en la ciencia forense para presentar evidencias expertas a la justicia, así como en muchas otras aplicaciones donde se evalúan riesgos.

CONTEO EN 3 SEGUNDOS
La probabilidad es un término general utilizado para describir un área de la matemática relacionada con el cálculo de la certidumbre o la posibilidad de que ocurra un suceso.

TOTAL EN 3 MINUTOS
El uso del análisis probabilístico surgió alrededor de mediados del siglo XVII cuando apareció una base teórica más precisa para definir la posibilidad de ocurrencia de un suceso. El primer libro de texto sobre la teoría de la probabilidad fue publicado en 1718 por Abraham de Moivre, un matemático francés.

TEMAS RELACIONADOS
véanse también
ESTADÍSTICA
página 38

PROBABILIDAD BAYESIANA
página 90

MINIBIOGRAFÍA
GEROLAMO CARDANO
1501-1576
Polímata italiano interesado en las ciencias naturales como la física, la biología y la química, además de la matemática; considerado uno de los fundadores clave de lo que hoy entendemos como probabilidad.

TEXTO EN 30 SEGUNDOS
Niamh Nic Daéid

Al tirar una moneda existe un 50 % de probabilidad de que salga o cara o cruz.

STATES OF AMERICA
LIBERTY
IN GOD
WE TRUST
D
2007

h. finales de 1607
Nace en Beaumont-de-Lomagne, Francia

1626
Se licencia en Derecho civil de la Universidad de Orléans

1627
Trabaja como abogado en la Corte Suprema de Burdeos

1629
Recupera el *De locus planis* de Apolonio (conocido actualmente como problema de Apolonio)

1631
Es investido consejero de la Corte Suprema de Toulouse

1638
Ingresa en la cámara alta de la Corte Suprema de Toulouse

1652
Es ascendido al más alto nivel en la Corte criminal de Toulouse

12 de enero de 1665
Muere en Castres, Francia

PIERRE DE FERMAT

Pierre de Fermat fue un jurista y matemático francés de principios del siglo XVII. Recibió su formación en derecho civil y lo practicó en la Corte Suprema de Toulouse. Después de licenciarse a los 18 años, se trasladó a Burdeos como abogado de la Corte Suprema. En este período comenzó a interesarse en la matemática de alto nivel. Su interés por esta disciplina era más bien una afición apasionada a la que se dedicaba en su tiempo libre, y así la mayoría de sus hallazgos no se publicaron formalmente. La mayor parte de su trabajo vio la luz gracias a su correspondencia con otros matemáticos y a sus notas halladas después de su muerte.

Fermat es conocido por ser el primero en descubrir el enfoque matemático para determinar las ordenadas máximas y mínimas de las líneas curvas, lo que hoy en día forma parte del cálculo diferencial. Es considerado uno de los fundadores de la teoría de la probabilidad, junto con Blaise Pascal. Juntos sentaron las bases de la teoría moderna de la probabilidad.

El interés de Fermat por la matemática abarcó los campos de la teoría de números, la geometría analítica, la probabilidad y la óptica. Realizó aportaciones significativas y novedosas a todos estos ámbitos. Es famoso por toda una serie de teoremas novedosos, incluyendo el último teorema de Fermat, el principio del tiempo mínimo de Fermat, el teorema de Fermat sobre la suma de dos cuadrados y el pequeño teorema de Fermat.

Su principio del tiempo mínimo, que se puede utilizar para describir la refracción de los rayos de luz, constituyó la base sobre la que se formuló el «principio de mínima acción», uno de los principios más significativos de la física moderna. Fermat es particularmente recordado por el «último teorema de Fermat», que los matemáticos intentaron demostrar durante más de 300 años, hasta que en 1994 *sir* Andrew Wiles, un matemático británico, publicó por primera vez una demostración completa del teorema.

Fermat fue muy poco reconocido como matemático durante su vida, debido a su renuencia a publicar, pero sus ideas, que comunicaba a través de cartas y compartía con otros, mantuvieron vivo su trabajo y continuaron su impacto sobre la matemática y la física moderna. Isaac Newton reconoció la influencia del trabajo de Fermat como fuente de sus primeras ideas sobre el cálculo, afirmando que procedía directamente del método de Fermat para dibujar tangentes.

Joyce Kafui Klu

PREDICCIÓN

el tema en 30 segundos

El conocimiento de lo que ocurrirá en el futuro nos permitiría tomar decisiones perfectas. Por supuesto, esto es imposible, pero el solo hecho de ser capaces de estimar la probabilidad de algunos hechos podría ser útil al hacer planes para el futuro. La predicción en estadística trata de determinar las posibles dependencias entre variables; si recopilamos información real sobre ellas, tendremos una mejor idea de cómo se comportarán en el futuro. Idealmente lo hacemos mediante la identificación de una relación *causal* y el control del factor causal para predecir los hechos que provocará. Sin embargo, en el mundo real resulta todo un reto demostrar la causalidad debido al enorme número de factores cambiantes que también pueden afectar a lo que medimos. El aprendizaje automático intenta realizar predicciones al descubrir los patrones complejos en los datos que son difíciles de reconocer por el cerebro humano. Es posible procesar petabytes de datos para crear y actualizar predicciones de hechos como el precio de las acciones y las tendencias en los medios sociales, valiosas informaciones para los fondos de inversión y las empresas de mercadotecnia. Dado el influyente papel que desempeñan las predicciones automatizadas en la sociedad moderna, es importante que los equipos que diseñan los algoritmos también sean éticamente responsables. Aunque las máquinas son capaces de procesar datos a niveles imposibles para los seres humanos, es difícil programar las simples reglas morales que habitualmente damos por supuestas.

CONTEO EN 3 SEGUNDOS

La predicción intenta determinar la ocurrencia de sucesos futuros, a partir del conocimiento del pasado y del presente. Es un objetivo clave del análisis estadístico.

TOTAL EN 3 MINUTOS

Un ejemplo de discriminación involuntaria se presenta en el uso de algoritmos para predecir focos de actividad criminal o el riesgo de crimen individualizado como objetivos para la vigilancia policial. Se argumenta que el uso que se hace en la actualidad de estos algoritmos puede favorecer una evaluación irresponsable por perfiles raciales y, por lo tanto, debe ser utilizado con toda transparencia.

TEMAS RELACIONADOS

véanse también
REGRESIÓN LINEAL Y CORRELACIÓN
página 76

APRENDIZAJE AUTOMÁTICO
página 132

MINIBIOGRAFÍA

JOHN GRAUNT
1620-1674

Mercero inglés al que se atribuye la creación de la primera tabla de vida: una predicción de la probabilidad de supervivencia de un individuo durante un año basándose en su edad actual.

TEXTO EN 30 SEGUNDOS

Harry Gray

La información se vierte constantemente en modelos que intentan predecir el futuro.

CONTRASTE DE HIPÓTESIS

el tema en 30 segundos

Una hipótesis estadística es una suposición relativa a una población que puede ser verdad o no; el contraste de hipótesis implica comprobar dicha hipótesis. Afirmar que «un programa de inmunización ha reducido el índice de infección del sarampión en una comunidad por debajo del 20 %» es un ejemplo de este tipo de hipótesis. A menudo, el investigador formula la *hipótesis nula*; por ejemplo «el índice de infección se mantiene en el 20 %», con la intención o la esperanza de encontrar pruebas suficientes para rechazarla en favor de la *hipótesis alternativa*; «el índice de infección ha bajado del 20 %». El contraste de hipótesis es el proceso que calcula un estadístico basado en datos de una muestra de la población, y se compara con un *valor crítico* que deriva de una distribución estadística estándar, junto con un requisito de confiabilidad, el *nivel de confianza*, establecido por el investigador. Existe un compromiso entre la confianza en el resultado y su precisión: la confianza absoluta de que la tasa de infección está entre 0 % y 100 % no es útil. El resultado de un contraste de hipótesis puede estar equivocado. Se produce un error de tipo I cuando la hipótesis nula se rechaza por error en favor de la hipótesis alternativa: el programa de inmunización se declara efectivo por error cuando el índice de infección permanece inalterado. Un error de tipo II es el que acepta la hipótesis nula por error: el programa de inmunización ha reducido el índice de infección, pero el ensayo concluye erróneamente que no funciona.

CONTEO EN 3 SEGUNDOS

El contraste de hipótesis emplea procedimientos estadísticos para definir si una hipótesis es verdadera, que responsabiliza de la demostración al investigador que realiza la afirmación.

TOTAL EN 3 MINUTOS

En un juicio, la presunción de inocencia es la hipótesis nula y su rechazo es la alternativa, la culpabilidad. En este entorno, se pone más énfasis en evitar los errores de tipo I que los de tipo II: «Es mejor que diez personas culpables escapen a que un inocente sufra». (Fórmula de Blackstone).

TEMAS RELACIONADOS

véanse también
DISTRIBUCIONES ESTADÍSTICAS
página 46

INTERVALO DE CONFIANZA
página 70

FALSOS POSITIVOS Y FALSOS NEGATIVOS
página 118

TEXTO EN 30 SEGUNDOS

John McDermott

La afirmación de que un medicamento es efectivo es una hipótesis que se debe contrastar.

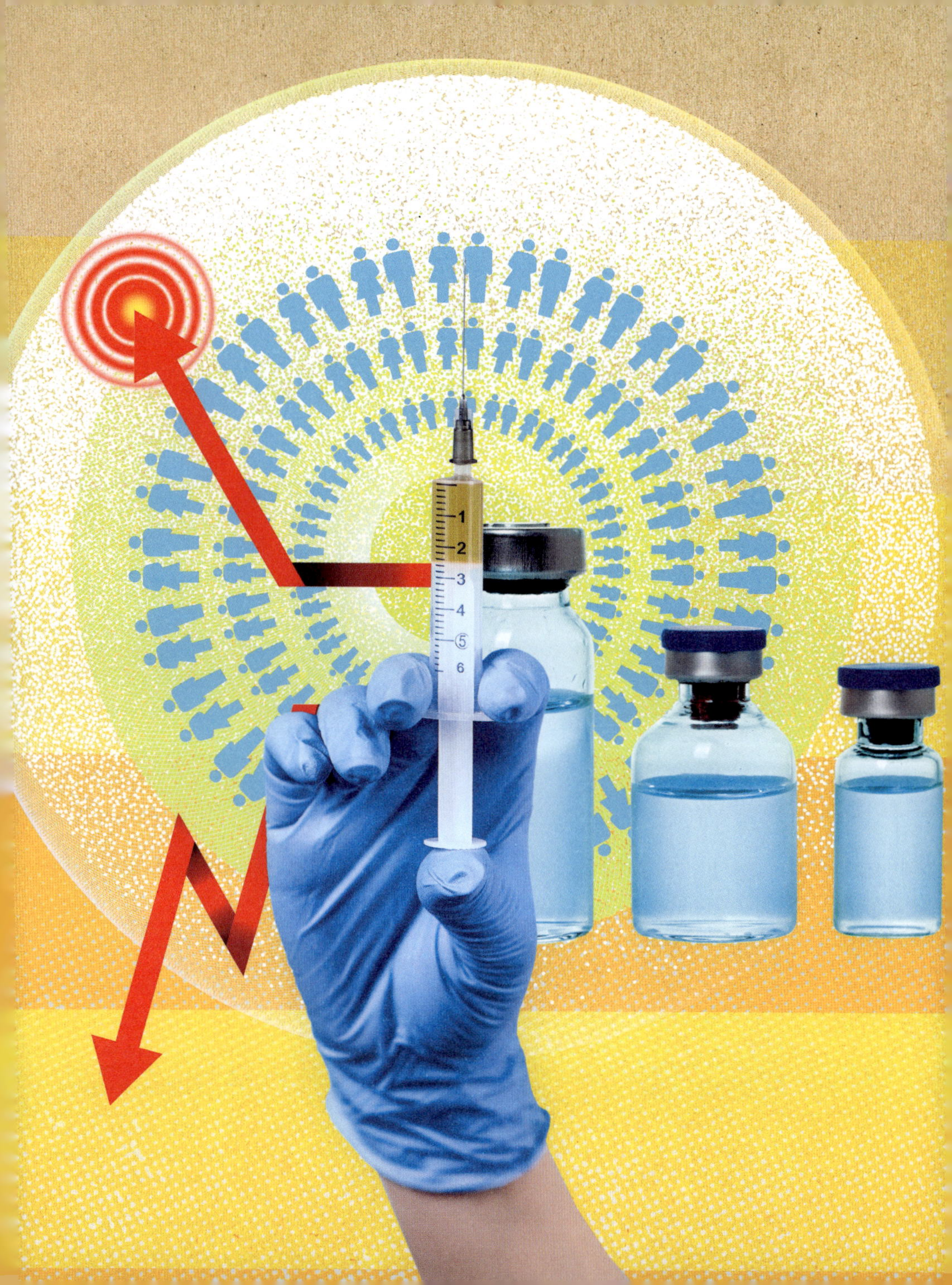
1
2
3
4
5
6

PROBABILIDAD BAYESIANA

el tema en 30 segundos

CONTEO EN 3 SEGUNDOS

La probabilidad bayesiana puede considerarse como el grado de creencia de un individuo de que ocurra un suceso.

TOTAL EN 3 MINUTOS

Mediante el grado de creencia bayesiano «previo», se puede incluir la información subjetiva sobre los sucesos en los modelos estadísticos para mejorar el análisis. Sin embargo, sin una diligencia debida, esta subjetividad puede incorporar un sesgo innecesario que conduzca en cambio a una creencia posterior errónea.

Supongamos que a los 1000 asistentes de una sala se les pregunta si creen que una moneda es legal (con la misma probabilidad de que salga cara o cruz) antes de lanzarla. La mayoría de las personas dirían que sí, basándose en lo que saben sobre la mayoría de las monedas, a pesar de no saber nada sobre esta en particular. ¿Cuántas personas cambiarían de opinión si se lanzara la moneda cinco veces y las cinco veces saliera cara? Algunas lo harían, pero otras lo atribuirían al azar. ¿Y qué tal si ocurriera diez veces consecutivas? Los que cambiaron de opinión antes de que saliera diez veces cara se afirmarían en su suposición de que la moneda era falsa, y los escépticos podrían cambiar, pero aún tendrían dudas. Todas estas personas tienen sus propias creencias sobre la legalidad de la moneda. Esta idea se formaliza de manera matemática en lo que se conoce como «teorema de Bayes», que relaciona las probabilidades condicionales de dos sucesos. Conceptualmente, se puede describir como la obtención de un nuevo (posterior) grado de creencia en un suceso al combinar el grado actual (previo) de creencia con una observación de otro suceso (evidencia); algunas personas creen que esta es la manera natural en la que los seres humanos piensan y aprenden. Filosóficamente, la idea bayesiana de probabilidad es distinta de lo que denominamos probabilidad frecuentista. Desde hace mucho tiempo, los estadísticos debaten sobre los enfoques bayesiano y frecuentista de la probabilidad.

TEMAS RELACIONADOS

véanse también

DISTRIBUCIONES ESTADÍSTICAS
página 46

PROBABILIDAD
página 82

PROBABILIDAD CONDICIONAL
página 94

MINIBIOGRAFÍA

THOMAS BAYES
1702-1761

Estadístico inglés cuyas notas sobre la probabilidad «inversa» fueron publicadas de manera póstuma, dando lugar al que ahora conocemos como teorema de Bayes.

TEXTO EN 30 SEGUNDOS

Harry Gray

Nuestra creencia posterior se obtiene basándonos en la solidez de los conocimientos previos y la evidencia observada.

IN GOD

h. 1702
Nace en Londres

1719
Estudia Lógica y Teología en la Universidad de Edimburgo

1722
Ayuda a su padre, ministro presbiteriano en una capilla en Londres.

1731
Publica *Divine Benevolence* («Benevolencia divina»); o *Attempt to Prove That the Principal End of the Divine Providence and Government is the Happiness of His Creatures* («Intento de demostrar que el fin principal de la Divina Providencia es la felicidad de Sus criaturas»)

1734
Es nombrado ministro de la capilla de Monte Sión en Tunbridge Wells, Kent

1736
Publica de forma anónima *An Introduction to the Doctrine of Fluxions, and a Defence of the Mathematicians Against the Objections of the Autor of The Analyst* («Una introducción a la doctrina de las fluxiones, y una defensa de los matemáticos contra las objeciones del autor de El Analista»), en defensa de los fundamentos lógicos del cálculo

1742
Es elegido miembro de la Royal Society

1761
Muere en Tunbridge Wells, Kent

1763
Se publica de manera póstuma su ensayo «Towards Solving a Problem in the Doctrine of Chances» («Hacia la solución de un problema en la doctrina de las probabilidades») en la revista *Philosophical Transactions* de la Royal Society

THOMAS BAYES

Thomas Bayes era hijo de un ministro presbiteriano y más tarde pasó a ser un inconformista que profesaba las creencias religiosas protestantes, aunque rechazaba ajustarse a los ritos y ceremonias establecidos en el Libro de Oración Común.

Estudió Teología y Lógica en la Universidad de Edimburgo en 1719, donde parece ser que la lectura de los trabajos de Abraham de Moivre y David Hume influyó en su pensamiento. Más tarde siguió el camino de la teología y llegó a reverendo de la capilla de Monte Sión en Tunbridge Wells, Kent.

Bayes es conocido por establecer las bases matemáticas de la inferencia, al incorporar la frecuencia de los sucesos previos en el cálculo de la frecuencia con la que dicho suceso ocurrirá en el futuro. El ensayo en el que desarrolló este argumento, «Towards Solving a Problem in the Doctrine of Chances» («Hacia la solución de un problema en la doctrina de las probabilidades») fue publicado en la revista *Philosophical Transactions* de la Royal Society después de su muerte y dio lugar al teorema que lleva su nombre. Se sabe poco más sobre la vida de Bayes, pero sus ideas tuvieron una gran influencia en los desarrollos subsiguientes en el campo de la estadística y la probabilidad. El teorema de Bayes y la estadística bayesiana se pueden utilizar en muchas aplicaciones, desde los ensayos médicos hasta la evaluación de riesgos financieros. El enfoque bayesiano también se aplica en el mundo de la ciencia forense, sobre todo en la interpretación de las pruebas de ADN.

Los restos de Bayes descansan en el cementerio de Bunhill Fields en Londres, muy cerca de las instalaciones de la Royal Statistical Society.

Niamh Nic Daéid

PROBABILIDAD CONDICIONAL

el tema en 30 segundos

CONTEO EN 3 SEGUNDOS
La probabilidad condicional es la probabilidad de que ocurra un suceso asumiendo que ya han ocurrido otros sucesos diferentes.

TOTAL EN 3 MINUTOS
El problema de Monty Hall es un ejemplo famoso de probabilidad condicional. Con un premio oculto tras una puerta entre tres, los jugadores pueden seleccionar una. Se abre una puerta y está vacía, y se da al jugador la oportunidad de cambiar a otra puerta cerrada. El cambio incrementa la probabilidad de ganar para el jugador.

Es intuitivo que la ocurrencia de algunos sucesos puede afectar la probabilidad de ocurrencia de otros. La probabilidad condicional es la construcción matemática formal que describe esta idea intuitiva. Las situaciones en las que se aplica la probabilidad condicional aparecen con frecuencia en los juegos. Imagine un juego de dados entre dos jugadores en los que el jugador número dos tira un dado en primer lugar, y después el jugador número uno hace lo propio. La regla es que el jugador dos gana si obtiene un número superior en su tirada, y en caso contrario, lo hace el jugador uno. Antes de que el jugador dos tire el dado, su probabilidad de ganar es de 5/12 (alrededor de un 42 %). Suponga que el jugador dos tira el dado y sale un cinco. En ese momento, la probabilidad de que gane pasa a ser de 2/3 (un 66 %), ya que, para ganar, el jugador uno solo puede tirar un 5 o un 6. Si condicionamos el hecho a que el jugador dos saque un 5, la probabilidad de que el jugador dos gane el juego se incrementa. Sin embargo, si el hecho que estamos condicionando es independiente del hecho cuya probabilidad queremos calcular, la probabilidad condicional continúa siendo la misma que si no hubiéramos visto el otro suceso. Un ejemplo de ello en el mismo juego sería que lo condicionáramos al día de la semana. Está claro que el día de la semana no afecta al número que aparece en los dados, y por lo tanto no afecta al juego en manera alguna, por lo que las probabilidades permanecen inalteradas.

TEMAS RELACIONADOS
véanse también
VARIABLES INDEPENDIENTES Y DEPENDIENTES
página 44

PROBABILIDAD
página 82

PROBABILIDAD BAYESIANA
página 90

MINIBIOGRAFÍA
PIERRE DE FERMAT
1607-1665
Abogado y matemático francés, famoso por proponer el último teorema de Fermat, una conjetura matemática que permaneció sin resolver hasta 1994, cuando la demostró el matemático inglés Andrew Wiles.

TEXTO EN 30 SEGUNDOS
Harry Gray

La probabilidad de los sucesos puede cambiar a la vista de lo que ya hemos observado.

RAZÓN DE VEROSIMILITUD

el tema en 30 segundos

La razón de verosimilitud se determina calculando el cociente de las probabilidades de un evento condicional bajo dos circunstancias distintas. Si es grande, entonces la probabilidad de ocurrencia del evento bajo la primera circunstancia es mucho mayor que la probabilidad de ocurrencia del evento bajo la segunda circunstancia, y viceversa. Se emplea con frecuencia en el ensayo y predicción diagnóstica, donde se utiliza para evaluar la utilidad de realizar una prueba, ya que los resultados que se obtienen con ella casi nunca son 100 % seguros. Por ejemplo, suponga que una prueba o un ensayo tiene una precisión del 99 % al dar un resultado positivo cuando alguien presenta una enfermedad. También tiene un 90 % de precisión al dar correctamente un resultado negativo cuando alguien no sufre la enfermedad, lo que significa que dará incorrectamente un resultado positivo cuando alguien no sufra la enfermedad en un 10 % de las ocasiones. La razón de verosimilitud positiva es el resultado de dividir la probabilidad de que la prueba sea positiva cuando sufran la enfermedad entre la probabilidad de que la prueba sea positiva cuando no la sufran, lo que nos da 0,99/0,1 = 9,9. Esto significa que si una persona sufre la enfermedad, es 9,9 veces más probable que la prueba dé un resultado positivo que si no la sufre, lo que refuerza nuestra confianza en el ensayo. Hay que tener en cuenta que la razón de verosimilitud no indica la probabilidad de que la persona sufra la enfermedad cuando recibimos el resultado del ensayo.

CONTEO EN 3 SEGUNDOS

La razón de verosimilitud es un estadístico que se utiliza para comparar la probabilidad de ocurrencia de un evento bajo dos circunstancias distintas.

TOTAL EN 3 MINUTOS

En 2010, se determinó que la realización de mamografías como método de cribado para la detección del cáncer de mama para las mujeres de una edad inferior a los 40 años tenía una razón de verosimilitud positiva de 5,9 y una razón de verosimilitud negativa de 0,3.

TEMAS RELACIONADOS

véanse también
PROBABILIDAD
página 82

CONTRASTE DE HIPÓTESIS
página 88

PROBABILIDAD CONDICIONAL
página 94

FALSOS POSITIVOS Y FALSOS NEGATIVOS
página 118

TEXTO EN 30 SEGUNDOS

Harry Gray

El valor de la razón de verosimilitud actualiza la probabilidad de padecer una enfermedad tras la prueba (postest)

RIESGO ABSOLUTO

el tema en 30 segundos

CONTEO EN 3 SEGUNDOS
El riesgo absoluto es una estimación de la probabilidad de ocurrencia de un suceso en un marco de tiempo específico.

TOTAL EN 3 MINUTOS
En 2018, un estudio publicado en la revista *Lancet* demostró que las personas con edades entre los 15 y los 95 años que consumían una bebida alcohólica al día incrementaban el riesgo en un 0,5 % de sufrir un problema de salud relacionado con el consumo de alcohol durante el año siguiente. Dado que, de todos modos, 914 personas de 100 000 sufren un problema de salud relacionado con el consumo de alcohol (por ejemplo, la diabetes), este incremento para los bebedores moderados equivale a cuatro personas más por cada 100 000 habitantes.

El riesgo absoluto se calcula dividiendo el número de veces que ocurre un suceso en un grupo de interés entre el total de la población de ese grupo. Aunque parece sencillo, en realidad y, por ejemplo, la obtención de una buena estimación del riesgo absoluto de una enfermedad supone la combinación de numerosos y amplios estudios médicos realizados sobre miles de personas durante muchos años. El riesgo absoluto es una manera efectiva de describir los riesgos porque coloca la frecuencia de un suceso en el contexto de la población total en la que se observó, lo que es más fácil de entender. Esta facilidad de comprensión puede aumentar la participación del paciente en la toma de decisiones médicas. Supongamos que un tratamiento médico produce la recuperación total de una enfermedad en cinco personas de cada 100, frente al tratamiento previo, que curaba a una de cada 100. Los efectos consecuencia del nuevo tratamiento se pueden ponderar sabiendo que salva a cuatro personas más de cada 100. El mismo informe estadístico expresado en forma de *riesgo relativo* reporta un incremento de cinco veces en la eficacia del nuevo tratamiento, lo que podría considerarse como una exageración de sus beneficios cuando se conoce la medida del riesgo absoluto. En ocasiones se presenta incorrectamente el riesgo absoluto, al no hacerse referencia a la población subyacente, lo que puede llevar a que el riesgo correspondiente parezca pequeño o grande por error.

TEMAS RELACIONADOS
véanse también
RIESGO RELATIVO
página 100

COMPARACIÓN DE NÚMEROS
página 138

MINIBIOGRAFÍA
DAVID SPIEGELHALTER
1953-
Estadístico británico y Winton Professor of the Public Understanding of Risk en la University of Cambridge, muy conocido por su aportación a la presentación de las noticias de los medios con estadísticas e información sobre riesgos.

TEXTO EN 30 SEGUNDOS
Harry Gray

El riesgo absoluto expresa el riesgo de que ocurra un suceso en el contexto de la población observada.

RIESGO RELATIVO

el tema en 30 segundos

El riesgo relativo, también llamado razón de riesgo, es el cociente de los riesgos absolutos de dos grupos para un suceso determinado. Resulta útil porque da una idea sobre la probabilidad de que la ocurrencia de un evento de interés sea mayor o menor en un grupo que en el otro. En estadística médica, se usa para demostrar cuán mayor es la probabilidad de sufrir un problema de salud que tiene un grupo experimental, como el de los fumadores, comparado con un grupo de control que no fuma. Una crítica de peso sobre el riesgo relativo en el informe de los resultados experimentales es que no da una referencia sobre la prevalencia total del evento en el grupo de control. Por ejemplo, un riesgo relativo de 100, que significa que el riesgo del grupo experimental es 100 veces mayor que el otro, parece muy significativo. Sin embargo, si el riesgo absoluto del grupo de control es que el suceso únicamente afecta a una de cada 1000 millones de personas, el riesgo absoluto para el grupo experimental (incluso aunque sea 100 veces mayor) aún es muy bajo y se podría considerar desdeñable. Al igual que el mal uso de los riesgos absolutos, los relativos que se presentan de manera aislada pueden sugerir que el riesgo es mucho mayor de lo que es en realidad. Es muy importante evitarlo en medicina, por el posible impacto en las decisiones en temas relacionados con la salud. Una práctica recomendable en los informes consiste en presentar el riesgo relativo junto al riesgo absoluto subyacente para proporcionar una imagen más completa.

CONTEO EN 3 SEGUNDOS

El riesgo relativo es una estimación de las posibilidades de que ocurra un suceso en un cierto período de tiempo.

TOTAL EN 3 MINUTOS

En 2011, los emparedados de beicon llegaron a los titulares del Reino Unido porque supuestamente incrementaban el riesgo de sufrir cáncer de colon en un 20 % (si se consumían a diario). Esta estadística aterradora fue ampliamente analizada por los comunicadores de riesgo, ya que su riesgo absoluto global suponía un incremento de apenas 1 (de 5 a 6) en cada 100 personas.

TEMAS RELACIONADOS

véanse también
RIESGO ABSOLUTO
página 98

COMPARACIÓN DE NÚMEROS
página 138

TEXTO EN 30 SEGUNDOS

Harry Gray

Los riesgos relativos pueden ponerse en perspectiva utilizando los datos procedentes de dos riesgos absolutos.

SESGO NUMÉRICO

el tema en 30 segundos

El sesgo numérico es un concepto establecido en la estimación estadística. Se puede deber a diversas causas, como un muestreo no aleatorio o el uso de modelos demasiado simples, cada uno de los cuales puede presentar un efecto distinto. Los experimentos científicos y los modelos estadísticos se suelen diseñar para minimizar el sesgo numérico, pero este puede pasar desapercibido. Un ejemplo de sesgo numérico cotidiano se encuentra en los horarios electrónicos de las paradas de autobús. Cuando no hay tráfico, el horario parece funcionar muy bien cuando se calcula la hora de llegada del siguiente autobús. Sin embargo, cuando hay mucho tráfico, no ocurre lo mismo. Esto se debe a que el sistema de localización del autobús no considera la velocidad del tráfico, sino únicamente su situación actual. El tiempo de llegada solo es preciso cuando no hay tráfico, lo que conduce a la frustrante situación de que la pantalla muestre «5 minutos» durante mucho más de un minuto. Esta estimación presenta un sesgo numérico porque subestima sistemáticamente el tiempo real que necesita el autobús para llegar en una situación de tráfico intenso. El sesgo numérico no siempre es algo negativo. Si el autobús llegara siempre 10 minutos tarde, nos podríamos adaptar llegando a la parada 9 minutos más tarde de lo habitual, y espera solo 1 minuto. Sin embargo, si el autobús llega con un retraso aleatorio de hasta 10 minutos, deberíamos decidir llegar a tiempo, sabiendo que podremos llegar a esperar hasta 10 minutos.

CONTEO EN 3 SEGUNDOS

El sesgo numérico es un término estadístico que se utiliza cuando una cantidad matemática difiere sistemáticamente de la cantidad real que debería representar.

TOTAL EN 3 MINUTOS

El sesgo numérico es un hecho importante que se debe tener en cuenta al emplear la estadística, ya que puede provocar inexactitudes. Estas inexactitudes pueden tener consecuencias drásticas al estimar la efectividad de un nuevo medicamento o al intentar predecir el resultado en unas elecciones políticas.

TEMAS RELACIONADOS

véanse también
POBLACIÓN Y MUESTRAS
página 40

MUESTREO
página 42

ERROR DE MEDICIÓN
página 64

MINIBIOGRAFÍA

CHARLES STEIN
1920-2016
Estadístico estadounidense cuyo trabajo sobre la estimación sesgada supuso un reto al pensamiento estadístico tradicional que consideraba que el sesgo siempre era negativo.

TEXTO EN 30 SEGUNDOS

Harry Gray

El tiempo que tardan los autobuses en llegar que se calcula sin tener en cuenta el tráfico suele estar sesgado.

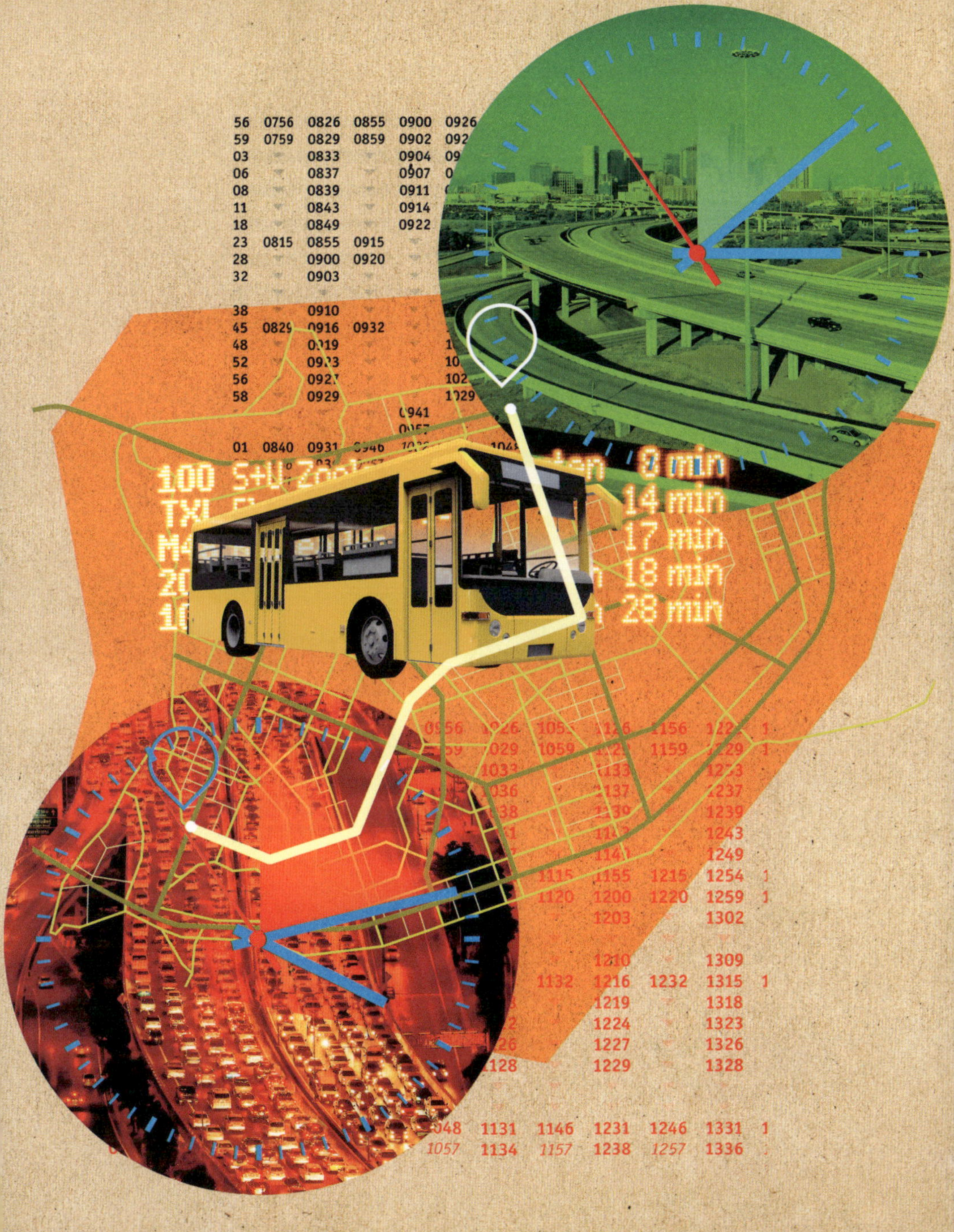
100
0 min
14 min
17 min
18 min
28 min

EL USO DE LOS NÚMEROS

EL USO DE LOS NÚMEROS
GLOSARIO

aprendizaje automático Algoritmo estadístico e informático que aprende a partir de los datos utilizando un sistema de prueba y error con datos conocidos.

base Número utilizado para contar en un sistema particular; por ejemplo, el sistema decimal tiene como base el 10.

binario Sistema numérico basado en dos dígitos: 1 y 0.

denominador Es el número situado en la parte inferior de una fracción simple y no puede ser cero.

e Constante matemática, también denominada número de Euler, que es aproximadamente igual a 2,71828. Es el número cuyo logaritmo natural es 1.

logaritmo natural Logaritmo con base *e*.

máximo común divisor (MCD) Entero positivo más grande que divide sin resto a otros dos números enteros.

n! Factorial de *n* o *n factorial*. Producto de todos los enteros positivos desde 1 hasta *n*.

numerador Es el número situado en la parte superior de una fracción simple.

número entero Número sin valores decimales o fracciones.

número irracional Número que no se puede representar como una fracción simple.

valor posicional Sistema de escribir y dar valor a los números que se basa en la posición relativa de sus dígitos.

BASES NUMÉRICAS

el tema en 30 segundos

CONTEO EN 3 SEGUNDOS
Una base numérica es el número que se utiliza para contar en un sistema particular. Lo habitual es que contemos en decenas (base diez), pero también se utilizan la base dos (en informática) y otras más en aplicaciones concretas.

TOTAL EN 3 MINUTOS
Al nivel más básico, los ordenadores utilizan el sistema binario (base dos). En el caso de los identificadores numéricos, en internet se emplea el sistema hexadecimal, de base 16, que utiliza los dígitos 0-9 y las letras A-F. En nuestra cultura y en el lenguaje cotidiano han persistido también otras bases como la 12 (pulgadas y horas) y la 60 (segundos y minutos).

Todo sistema numérico posicional dispone de un conjunto de dígitos, entre los que está el 0, que constituye su base numèrica. En el sistema de base diez que usamos habitualmente va de 0 a 9, y después se repite, moviendo un dígito hacia una nueva posición. Después de contar diez, podemos contar hasta diez lotes de diez y pasar a continuación a diez lotes de estos, y así sucesivamente. Esto es así porque tenemos diez dedos. El número 123 significa 1 centena más 2 decenas más 3 unidades, definido por las posiciones de los dígitos. Este sistema de escritura de los números, denominado «valor posicional», es eficiente, ya que no hace necesario introducir nuevos símbolos para cada número; cada posición representa una potencia de diez. Otras bases funcionan de la misma manera: se representan números en unidades y a continuación las potencias de la base, conforme se desplazan hacia la derecha. Si tuviéramos ocho dedos, probablemente usaríamos el sistema octal (de base 8), y escribiríamos el número 123 para representar 1 *sesenta y cuatroena* (sesenta y cuatro son ocho *octenas*) más 2 *octenas* más 3 unidades. Para escribir un número en una base distinta a la habitual, se indica la base como subíndice, por ejemplo 123_8. Cualquier número entero mayor que uno puede ser la base de un sistema numérico posicional. Los antiguos babilonios utilizaron la base 60, que se refleja en la manera de contar los segundos y los minutos. Los ordenadores trabajan con números en base dos, conocido como sistema binario. Los dígitos en el binario son el 0 y el 1.

TEMAS RELACIONADOS
véanse también
POTENCIAS Y RAÍCES
página 30

LOGARITMOS
página 110

MINIBIOGRAFÍA
GOTTFRIED WILHELM LEIBNIZ
1646-1716
Polímata alemán que inventó el sistema numérico binario que ahora se utiliza en informática.

TEXTO EN 30 SEGUNDOS
John McDermott

Contamos utilizando la base diez, pero los ordenadores lo hacen en base dos.

LOGARITMOS

el tema en 30 segundos

CONTEO EN 3 SEGUNDOS
El logaritmo de un número positivo en relación a otro número, la base, es la potencia a la que debe elevarse la base para obtener ese número positivo.

TOTAL EN 3 MINUTOS
Los logaritmos se utilizan para representar valores que crecen o disminuyen demasiado rápido para compararse o representarse gráficamente con facilidad. La escala de Richter para medir la intensidad de los terremotos es logarítmica: un terremoto de grado 6 en esta escala es unas diez veces más intenso que uno de grado 5.

Un logaritmo es una cantidad que representa la potencia a la que se debe elevar un número positivo fijo, la base, para obtener un número objetivo dado. Esto es, nos dice cuántas veces debemos multiplicar la base por sí misma para obtener el objetivo. Por ejemplo, el logaritmo en base 2 de 8 es 3, ya que $2 \times 2 \times 2 = 2^3 = 8$. Los logaritmos se escriben utilizando la abreviatura «log» con la base como subíndice, de tal manera que «el logaritmo en base 2 de 8 es 3» se abrevia como «$\log_2 (8) = 3$». El valor de un logaritmo no necesita ser un número entero; por ejemplo, $\log_2 (10)$ es aproximadamente 3,313. Los logaritmos en base 10 se utilizan en gran medida para reducir el tamaño de los números implicados en los cálculos o en la representación gráfica de los datos, ya que $\log_{10} (100) = 2$, $\log_{10} (1000) = 3$, etc. Las tablas de logaritmos facilitaban los cálculos complejos antes de la introducción de las calculadoras y los ordenadores. Este tipo de cálculos resultaban vitales en la navegación, la ingeniería, la medicina, la ciencia y la tecnología. El (así llamado) número irracional e, que equivale aproximadamente a 2,718, es la base de los logaritmos naturales. Estos tienen su propia notación de tal manera que, por ejemplo, $\log_e (8)$ y $\log_e (10)$ se suelen escribir como ln (8) y ln (10) respectivamente. Merecen este tratamiento especial por el papel fundamental que desempeña e en el cálculo, la probabilidad y muchas otras ramas de la matemática.

TEMAS RELACIONADOS
véanse también
NÚMEROS IRRACIONALES
página 18

POTENCIAS Y RAÍCES
página 30

BASES NUMÉRICAS
página 108

MINIBIOGRAFÍA
JOHN NAPIER
1550-1617
Matemático escocés que inventó los logaritmos. También popularizó el uso del separador decimal en la escritura de los números.

TEXTO EN 30 SEGUNDOS
John McDermott

Los logaritmos facilitaron los cálculos antes de la aparición de los ordenadores, pero aún resultan de utilidad para comprender la informática y los macrodatos.

log(x)
10.0min
20.0min
30.0min
40.0min
16:00:00-
17:00:00-
18:00:00-
19:00:00-
20:00:00-
21:00:00-
22:00:00-
23:00:00-
00:00:00-
01:00:00-
02:00:00-
03:00:00-
04:00:00-
05:00:00-
06:00:00-
07:00:00-
08:00:00-
09:00:00-
10:00:00-
11:00:00-
12:00:00-
13:00:00-

PORCENTAJES

el tema en 30 segundos

Los porcentajes representan partes de un todo, expresado en partes centesimales, y son una alternativa al uso de decimales o fracciones. Veinticinco por ciento (25 %) es lo mismo que 0,25 o 25/100, y es lo mismo que una cuarta parte, ya que hay cuatro veces 25 en 100. Para encontrar el 25 % de otro número, multiplique por 0,25, o divida entre cuatro: el 25 % de 60 es una cuarta parte de 60, o sea, 15. Para porcentajes más complicados, utilice el equivalente decimal y multiplique: 17 % de 60 es 0,17 × 60 = 10,2. Bajo estos cálculos básicos subyace un hecho que en ocasiones provoca confusión: los porcentajes son relativos. Si una tienda sube sus precios en un 10 %, un artículo que anteriormente costaba 100 € ahora costará 110 € (100 € más el 10 % de 100 €). Si más tarde la tienda vende el artículo con un «10 % de descuento», el precio será de 99 € (110 € reducido en un 10 % de 110 €, que equivale a 11 €). El aumento y la reducción no se cancelan exactamente. El precio no vuelve a ser 100 €. Los ahorros y los préstamos suelen estar sujetos al pago de intereses, medidos mediante una tasa de interés. El interés puede ser simple: una tasa anual del 5 % sobre un préstamo de 100 € durante dos años debería suponer al pagador devolver al final 100 € + 10 € (5 € por cada año). Sin embargo, el interés suele ser compuesto, por lo que el interés a pagar por el segundo año se calcula en base al monto total adeudado hasta el final del primero, por lo que no serán 5 € sino el 5 % de (100 € + 5 €) = 5,25 €.

CONTEO EN 3 SEGUNDOS

Un porcentaje describe una porción de un todo expresado en fracciones centesimales.

TOTAL EN 3 MINUTOS

Un truco útil para calcular un porcentaje sin usar la calculadora consiste en encontrar en primer lugar el 10 % (divida entre 10), y después una cantidad menor, como el 5 % (divida el 10 % entre 2) y por último el 1 % (divida la cifra del 10 % nuevamente entre 10). Entonces, 17 % = 10 % + 5 % + 1 % + 1 %, de modo que el 17 % de 60 es 6 + 3 + 0,6 +0,6 = 10,2.

TEMAS RELACIONADOS

véanse también
NÚMEROS RACIONALES
página 16

PROBABILIDAD
página 82

FRACCIONES
página 114

MINIBIOGRAFÍA

JACOB BERNOULLI
1655-1705
Miembro de una famosa familia matemática suiza, descubrió la constante e, de enorme importancia (es la base de los logaritmos naturales) mientras investigaba el tema de los intereses compuestos

TEXTO EN 30 SEGUNDOS

John McDermott

Los porcentajes se utilizan en gran medida para mostrar cambios en los precios, sobre todo para publicitar los descuentos minoristas.

50%

FRACCIONES

el tema en 30 segundos

CONTEO EN 3 SEGUNDOS
Una fracción es un número formado por la división de un número entero entre otro, escrita como el primer número encima del segundo con una barra que los separa: por ejemplo, 3/4.

TOTAL EN 3 MINUTOS
Todos los días encontramos fracciones en muchas aplicaciones: para expresar las cantidades de los ingredientes de una receta, o en las ventas, así como en los descuentos en los precios y en las ofertas especiales. Las fracciones aparecen en el indicador del nivel de combustible, muestran las posiciones en las pistas deportivas y, por supuesto, las utilizamos al dar la hora.

El resultado de dividir un número entero entre otro es una fracción. El primer número (el superior) se conoce como numerador, mientras que el segundo (el inferior) es el denominador. Una fracción puede representar una proporción, o algunas partes de un todo, y así 3/4 representa 3 de 4 partes iguales. Tres rebanadas de un pastel dividido en cuatro partes es exactamente lo mismo que seis rebanadas del mismo pastel dividido en ocho partes; 3/4 = 6/8. En términos generales, multiplicar o dividir el numerador y el denominador por el mismo número da lugar a una fracción equivalente. Una fracción en la que el numerador es el número más grande representa alguna(s) unidad(es) entera(s) más una parte fraccionaria. Entonces, 4/3 puede representar un pastel entero y una tercera parte de otro, y también podría escribirse como 1 1/3. Las fracciones se pueden sumar, restar, multiplicar y dividir. Para sumar dos fracciones, las escribimos en primer lugar con un denominador común, y a continuación sumamos los numeradores. Por ejemplo, para sumar 3/4 y 5/8, primero convertimos 3/4 a un equivalente, en este caso, 6/8, con lo que la suma se convierte en 6/8 + 5/8 = 11/8, o 1 3/8. Para multiplicar fracciones, multiplicamos los dos numeradores y los dos denominadores: $3/4 \times 5/8 = 3x5/4x8 = 15/32$. Para dividir una fracción entre otra, invertimos la segunda (intercambiamos el numerador y el denominador) y la multiplicamos por la primera. Por ejemplo, $3/4 \div 5/8 = 3/4 \times 8/5 = 24/20$, que se puede simplificar a 6/5 = 1 1/5.

TEMAS RELACIONADOS
véanse también
NÚMEROS RACIONALES
página 16

PORCENTAJES
página 112

MINIBIOGRAFÍA
FIBONACCI
h. 1170-h. 1250
La manera en la que escribimos las fracciones, la notación de «barra» con uno de los dígitos sobre el otro, fue popularizada por el matemático italiano Fibonacci (Leonardo de Pisa).

TEXTO EN 30 SEGUNDOS
John McDermott

Las fracciones representan las partes de un todo.

3
4
E
F
30 20 10

ALGORITMOS

el tema en 30 segundos

CONTEO EN 3 SEGUNDOS

Un algoritmo es un procedimiento para resolver problemas matemáticos o informáticos en un número finito de pasos.

TOTAL EN 3 MINUTOS

Los algoritmos se emplean en el pronóstico del tiempo, para realizar las transacciones en bolsa y para proporcionar sugerencias basadas en las preferencias de los usuarios de Amazon, Netflix, Spotify y otras plataformas. Google utiliza el algoritmo PageRank para determinar el orden en el que aparecen los resultados de las búsquedas del usuario y es conocido como «el algoritmo de los 50 billones de dólares».

Los algoritmos son conjuntos finitos y ordenados de operaciones para resolver algunos tipos de problemas matemáticos o de informática. Entre los ejemplos se pueden citar el algoritmo de Euclides para encontrar el máximo común divisor (MCD) de dos números, diversos algoritmos para clasificar datos y el proceso por el que se encuentra la ruta más corta entre los puntos A y B en un sistema de navegación por satélite. Un algoritmo es un proceso con instrucciones precisas que se deben seguir paso a paso en una secuencia ordenada. Este proceso puede tener una o más entradas, como el punto inicial y final de un viaje, y arrojará, como salida, una solución, como puede ser la ruta más corta. Por su naturaleza precisa y mecánica, los algoritmos pueden ser automatizados en un ordenador en forma de programas. Son la base de la funcionalidad de la mayoría de las tecnologías modernas, por lo que dependemos de un algoritmo siempre que utilizamos un teclado táctil, hacemos una llamada, iniciamos una aplicación o presionamos un interruptor en un automóvil. Dos algoritmos diseñados para la misma clase de problemas pueden tener calidades distintas en términos de la eficiencia o de la naturaleza de las soluciones aportadas. El decidir de forma automática cuál de ellas elegir para solucionar un problema es una tarea para la inteligencia artificial. Esta a su vez incluye el área del aprendizaje automático, que emplea algoritmos para encontrar patrones en los datos y adaptar el comportamiento en sus programas en consonancia con los mismos.

TEMAS RELACIONADOS

véanse también
MACRODATOS/BIG DATA
página 128

INTELIGENCIA ARTIFICIAL
página 130

APRENDIZAJE AUTOMÁTICO
página 132

MINIBIOGRAFÍA

MUḤAMMAD IBN MŪSĀ AL-KHWĀRIZMĪ
h. 780-h. 850
Matemático, astrónomo y geógrafo persa, de cuyo nombre se deriva la palabra «algoritmo».

TEXTO EN 30 SEGUNDOS

John McDermott

Un algoritmo es la receta para realizar una tarea adaptada a la manera de trabajar de un ordenador.

FALSOS POSITIVOS Y FALSOS NEGATIVOS

el tema en 30 segundos

En un ensayo con dos resultados posibles, como un analísis de sangre para buscar la presencia de una enfermedad, se pueden dar dos tipos de error: un falso positivo, o error tipo I, que indica incorrectamente la presencia de la enfermedad, o un falso negativo, o error tipo II, que falla en la determinación de la presencia de la enfermedad. La importancia de los tipos de error depende del contexto. El fallo en la detección de una enfermedad, un falso negativo, puede ser fatal; un falso positivo en un filtro de *spam* del correo electrónico que lleva a no recibir un mensaje auténtico, puede no serlo. La fiabilidad de los ensayos depende de la incidencia real de la enfermedad. Si un ensayo es siempre correcto para las personas infectadas, pero solo de un 99 % de las veces para las personas que no lo están, parece un buen ensayo, ya que tiene un 0 % de falsos negativos y un 1 % de falsos positivos. En una población de 1000 personas, si un 20 % está infectado, habrá 200 enfermos, todos ellos bien diagnosticados, y 800 sanos, a ocho de los cuales se les diagnosticará incorrectamente como infectados con la enfermedad. La probabilidad de que una persona diagnosticada con la enfermedad la padezca realmente es de 200 en 208, es decir, de un 96 %. Este ensayo funciona bien. Si la tasa de infección fuese mucho menor, de un 0,1 %, una sola persona de cada 1000 estaría enferma. De las 999 sanas, unas diez recibirían un diagnóstico equivocado. En este marco de apenas 1 de 11, o de un 9 %, de diagnósticos positivos es correcto.

CONTEO EN 3 SEGUNDOS

Un falso positivo ocurre cuando un ensayo indica erróneamente la presencia de un estado o condición. Un falso negativo ocurre cuando la ausencia del estado o condición se indica de manera errónea.

TOTAL EN 3 MINUTOS

Los falsos positivos y negativos surgen en entornos como la medicina, los negocios y la informática, aunque también en el ámbito legal. La dependencia ilógica de las tasas de estos errores sobre la incidencia de una condición en la población (la tasa base) puede llevar a una decisión o juicio erróneo.

TEMAS RELACIONADOS

véanse también
PROBABILIDAD
página 82

CONTRASTE DE HIPÓTESIS
página 88

PROBABILIDAD BAYESIANA
página 90

PROBABILIDAD CONDICIONAL
página 94

MINIBIOGRAFÍA

DANIEL KAHNEMAN
1934-
Psicólogo ganador del premio Nobel de Economía que contribuyó al desarrollo de la psicología cognitiva del error humano originado por el sesgo.

TEXTO EN 30 SEGUNDOS

John McDermott

Las consecuencias de un falso positivo o negativo pueden resultar alarmantes, e incluso mortales.

№
Date:

PERMUTACIONES Y COMBINACIONES

el tema en 30 segundos

Una permutación de un conjunto es un modo de disponer algunos o todos sus elementos. Para entender la estadística y las probabilidades es fundamental determinar el número de maneras en que se pude realizar esta operación para un conjunto dado, así como el tamaño de la selección. Si hay que realizar cuatro tareas, ¿de cuántos modos distintos puede elegirse el orden en que se harán? Se puede elegir cualquiera de ellas para hacerla en primer lugar, dejando cualquiera de las tres restantes para realizarla en segundo lugar. Quedan dos tareas entre las que elegir para hacerla en tercer lugar, y finalmente solo queda una opción para realizarla en último lugar. Así pues, el número de maneras en que se pueden ordenar las tareas es $24 = 4 \times 3 \times 2 \times 1$. El producto $4 \times 3 \times 2 \times 1$ tiene su propia representación abreviada $4!$ (que se lee «factorial de 4» o «4 factorial»). Para ordenar cinco bolas, tres azules, una verde y una roja, hay disposiciones que difieren únicamente en la posición de las azules (que se puede hacer de $3!$ maneras distintas), por lo que el número de combinaciones distintas es $5!/3! = 20$. En una combinación se eligen grupos de elementos de un conjunto sin considerar el orden. Hay $8!/(3! \times (8 - 3)!) = 8!/(3! \times 5!)$ maneras de elegir tres elementos entre 8, ya que del total hay que descontar el número de combinaciones de los tres elegidos, o de los cinco no elegidos restantes. La fórmula general de las combinaciones posibles de r elementos entre los n objetos es $n!/(r! \times (n - r)!)$.

CONTEO EN 3 SEGUNDOS

Una permutación es una selección de los elementos de un conjunto en un orden específico. Una combinación es una selección a partir de un conjunto donde no importa el orden.

TOTAL EN 3 MINUTOS

Las permutaciones y las combinaciones se presentan en la biología, la informática, la optimización y las probabilidades, en las que se basa la lotería. Consideremos un sorteo de lotería que escoja seis números de un conjunto de 59, independientemente del orden de su extracción. Existen $59! / (6! \times 53!)$ maneras de elegirlos, lo que supone que hay 1 posibilidad entre más de 45 millones de elegir los seis números correctos.

TEMAS RELACIONADOS

véanse también
POTENCIAS Y RAÍCES
página 30

ESTADÍSTICA
página 38

PROBABILIDAD
página 82

MINIBIOGRAFÍA

ÉVARISTE GALOIS
1811-1832

Matemático francés que estudió las permutaciones de las raíces de los polinomios y sentó las bases de la teoría nombrada en su honor, que sustenta la rama del álgebra conocida como teoría de grupos.

TEXTO EN 30 SEGUNDOS

John McDermott

El cálculo del número de permutaciones o combinaciones nos permite entender las probabilidades.

h. 1170
Leonardo Pisano nace en Pisa, hijo de Guglielmo, de la familia Bonacci

1200
Termina sus viajes por el Mediterráneo y vuelve a Pisa

1202
Termina su famoso trabajo *Liber abaci*

1220
Publica *Practica geometriae*

h. 1224
Es presentado a Federico II, emperador del Sacro Imperio Romano Germánico y rey de Sicilia

1225
Escribe *Flos* y *Liber quadratum*

1240
Se le concede un salario por decreto de la República de Pisa

h. 1250
Muere en Pisa

FIBONACCI

Se considera a Fibonacci el mayor genio de la teoría de números en el tiempo que transcurre desde la época de Diofanto de Alejandría (siglo IV) hasta la de Pierre de Fermat (siglo XVII), ambos auténticos gigantes en este ambito.

Nacido en el seno de la familia Bonacci en Pisa con el nombre de Leonardo, Fibonacci recibió el nombre por el que ahora es conocido a partir de la abreviatura de «hijo de Bonacci». Durante su juventud, Fibonacci viajó por todo el Mediterráneo con su padre, un mercader de Pisa. Estos viajes le granjearon el nombre de Leonardo Bigollo, que significa «viajero» o «errante». Gran parte de su legado se inspiró en los conocimientos árabes y en especial en las matemáticas indoarábigas en esa época.

A su retorno a Pisa, Fibonacci produjo su trabajo más famoso, el *Liber abaci* («Libro de cálculo»), que introdujo a un amplio público europeo las «nueve cifras indias» (los dígitos 1 a 9) junto con el 0, así como el sistema de valor posicional que utilizamos hoy en día basándonos en estos dígitos. Este sistema era superior al de los números romanos, y era también mucho más eficiente para realizar cálculos.

El *Liber abaci* abordó una amplia gama de problemas matemáticos, incluyendo el enfoque de Fibonacci con respecto a un problema relacionado con el crecimiento de una población de conejos. Su solución, que seguramente era ya conocida por los eruditos hindúes anteriores a su época, era la secuencia que ahora lleva su nombre: 1, 1, 2, 3, 5, 8, 13, ... y así sucesivamente, donde cada término es la suma de los dos anteriores.

Todos los alumnos de matemáticas estudian la secuencia de Fibonacci. Tiene aplicación no solo en la matemática, sino también en muchas otras ciencias. Aparece en la naturaleza, por ejemplo, en la disposición de las hojas sobre el tallo de diferentes especies de plantas; el límite de la razón entre un término y el inmediatamente anterior es la proporción áurea, muy valorada por los artistas y arquitectos clásicos. También se ha abierto camino en la cultura popular: el libro *El código Da Vinci* basa en esta secuencia una parte de su trama.

Durante la década de 1220, en la cúspide de su fama y su maestría, Fibonacci publicó varios trabajos más: *Practica geometriae*, *Flos* y *Liber quadratum*, así como otros libros que se han perdido. Fibonacci mantuvo correspondencia con el emperador del Sacro Imperio Romano Germánico Federico II e intercambió problemas con los sabios de su Corte.

Se sabe poco sobre los últimos años de Fibonacci. En 1240, la ciudad de Pisa otorgó a «Leonardo Bigollo» un salario en reconocimiento a sus servicios matemáticos. Se cree que murió en Pisa alrededor de 1250. En el siglo XIX, la ciudad levantó una estatua en su honor.

John McDermott

VISUALIZACIÓN DE LOS NÚMEROS

VISUALIZACIÓN DE LOS NÚMEROS
GLOSARIO

σ La letra griega sigma, que en estadística suele representar la desviación estándar de una población.

algoritmos de aprendizaje Método informático capaz de mejorar su rendimiento en la realización de una función objetiva mediante un proceso de prueba y error.

algoritmos genéticos Método de aprendizaje automático que utiliza el concepto biológico de «aptitud» para determinar las soluciones ganadoras para un problema.

aprendizaje profundo Ampliación del aprendizaje automático en la que el algoritmo determina qué características son importantes para el aprendizaje sin necesidad de intervención humana, pero empleando redes más profundas y complejas.

árbol de decisión Diagrama en forma de árbol que divide los problemas complejos de clasificación en una serie de decisiones y sus posibles resultados. Los árboles de decisión múltiples se utilizan en el aprendizaje automático.

diagrama de dispersión Diagrama de dos variables continuas en los ejes x e y.

Internet de las cosas Adición de características «inteligentes» por lo general a equipos domésticos de uso cotidiano o industriales, como frigoríficos o calderas, de manera que puedan comunicarse con un servidor o entre ellos.

leyes de la Gestalt Principios de la percepción visual humana que facilitan la comprensión de cómo presentar visualizaciones informativas de datos.

máquinas de soporte vectorial Método de aprendizaje automático que presenta patrones de datos en dimensiones de orden superior para maximizar la clasificación de los datos en dos grupos.

relación tinta-información Concepto de visualización de datos diseñado para maximizar la información a la vez que minimiza el contenido innecesario que puede provocar distracción en el mensaje.

redes bayesianas Gráfico de nodos y arcos construido a partir de antecedentes estadísticos que sopesan la importancia de cada pieza de información con la finalidad de calcular la probabilidad estadística de un resultado a partir de un conjunto de entradas plausibles.

redes neuronales artificiales Método estadístico de aprendizaje automático que imita las neuronas biológicas en el proceso de aprendizaje de los patrones en un conjunto de datos.

reducción de dimensiones Método de abstraer datos complejos mediante la reducción de las variables aleatorias para obtener una visión más simple que facilite la interpretación humana.

sesgo algorítmico Sesgo implícito o explícito en el *software* que produce resultados inconsistentes o incorrectos.

MACRODATOS/ BIG DATA

el tema en 30 segundos

CONTEO EN 3 SEGUNDOS
Los macrodatos describen conjuntos de datos que son tan grandes que no es posible analizarlos por los medios tradicionales para el procesamiento de datos.

TOTAL EN 3 MINUTOS
Los macrodatos se pueden utilizar para modelar el comportamiento, las tendencias y las interacciones. Los tipos de bases de datos disponibles se utilizan para determinar los trayectos para el desplazamiento en las ciudades, las tendencias de salud y bienestar, así como lo que vemos, vestimos y consumimos.

El término genérico macrodatos/ big data se utiliza desde principios de la década de 1990 para describir conjuntos de datos grandes y complicados. Estos conjuntos de datos también pueden contener, además de números, imágenes y sonidos. Los conjuntos de datos son tan grandes que a menudo, para analizarlos, es necesario utilizar varios ordenadores que trabajan simultáneamente. El creciente acceso mundial a internet, el desarrollo del Internet de las cosas (la conexión informática de dispositivos entre sí) y el creciente uso de las tecnologías digitales en nuestros hogares y vehículos supone que la cantidad de datos que se generan en todo el mundo cada hora es simplemente abrumador. Se calcula que en 2017 había 3400 millones de usuarios de internet y que en 2025 estarán conectados al internet de las cosas más de 70 000 millones de dispositivos. Debido al tamaño de las bases de datos, la manera de introducir, almacenar, transferir, analizar, visualizar y gestionar esta información resulta todo un reto. Los datos suelen venir en términos de cantidad (o volumen), tipo de dato (o su variedad), rapidez a la que los datos se generan (o velocidad) y calidad de los datos (o su veracidad). Los macrodatos/big data presentan grandes retos y muchas organizaciones investigan la manera de gestionarlos en el futuro.

TEMA RELACIONADO
véase también
TENDENCIAS
página 140

MINIBIOGRAFÍA
KEVIN ASHTON
1968-
Tecnólogo británico que fue el primero en utilizar la frase «Internet de las cosas» en 1999.

TEXTO EN 30 SEGUNDOS
Niamh Nic Daéid

A medida que los macrodatos se van haciendo más grandes, también lo hacen los retos para su gestión y visualización.

7.64
5.31
5.76
6.94
9.58
5.51
6.24
17.28

INTELIGENCIA ARTIFICIAL

el tema en 30 segundos

Un elemento básico de la ciencia ficción son los robots, esclavos que satisfacen las necesidades de los seres humanos, provistos de inteligencia artificial (IA), con un nivel intelectual semejante al humano. La forma de IA en la que un ordenador se considera consciente se conoce como IA «verdadera». Cuán cerca estamos de la IA verdadera es objeto de debate, en parte por el modo en que se ha definido, pero las investigaciones avanzan con rapidez a medida que lo hace la potencia informática. Hoy en día, la mayor parte de la IA se refiere al «aprendizaje profundo» en el que los algoritmos de aprendizaje complejos con múltiples estratos alimentan los resultados de manera optimizada entre muchas decenas o centenares de estratos, para diseccionar los datos alimentados y proporcionar resultados útiles e interpretables para el ser humano. Estas arquitecturas de muchos niveles son en su mayoría impenetrables y de interpretación imposible, por lo que se suelen denominar «cajas negras». La visión artificial es uno de los ámbitos que utilizan esta metodología para extraer características de las fotografías o vídeos que faciliten la clasificación y vinculación de fotografías o tomas de vídeo. La encontramos en los «vehículos sin conductor», que escanean la carretera para identificar dónde posicionar el coche, evitar los obstáculos y obedecer las señales. Como en todos los métodos de aprendizaje automático, la IA supone un intenso entrenamiento a partir de grandes bases de datos conocidas que incluyen los datos de interés.

CONTEO EN 3 SEGUNDOS

La IA es el medio por el que los ordenadores adquieren la capacidad de hacer tareas que suponen un desafío intelectual que anteriormente solo podían afrontar los seres humanos.

TOTAL EN 3 MINUTOS

Los algoritmos empleados en IA son extremadamente sensibles y pueden llegar a aprender patrones subyacentes e intrínsecos a los datos pero no explícitamente descritos, lo que puede ser causa de un «sesgo algorítmico». Un ejemplo ocurrió cuando una IA entrenada en los trámites de contratación de personal de una gran multinacional rechazó a todas las candidatas femeninas debido a las desigualdades de género históricas en la industria.

TEMAS RELACIONADOS

véanse también
ESTADÍSTICA
página 38

PREDICCIÓN
página 86

APRENDIZAJE AUTOMÁTICO
página 132

MINIBIOGRAFÍA

ALAN TURING

1912-1954

Genio matemático británico que ideó el test de Turing, una prueba para determinar si un ordenador se podía considerar inteligente.

TEXTO EN 30 SEGUNDOS

Christian Cole

Los automóviles sin conductor utilizan la inteligencia artificial para interpretar el mundo que los rodea. Han aprendido a identificar los obstáculos y a «leer» señales e indicadores de tráfico.

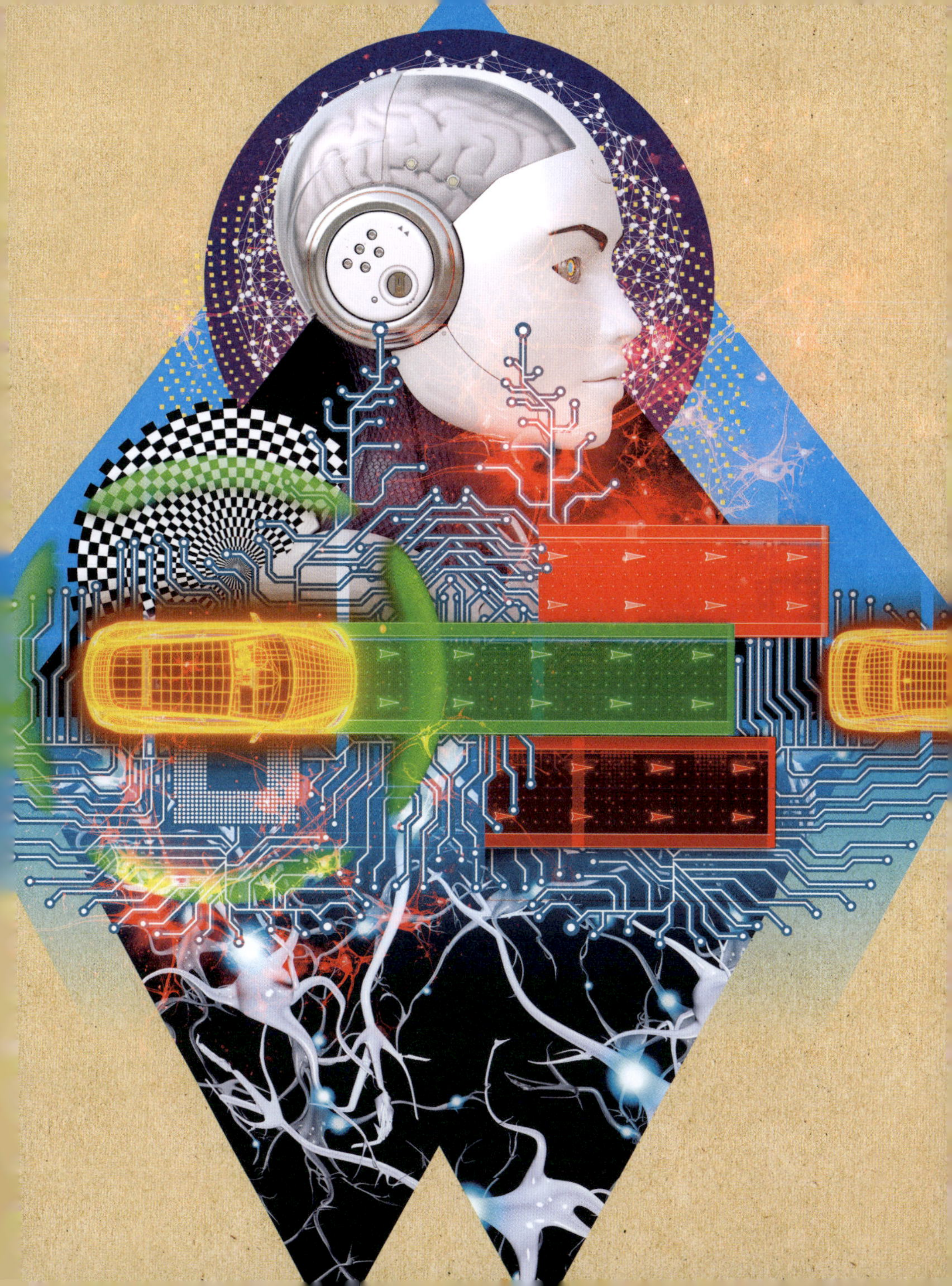

APRENDIZAJE AUTOMÁTICO

el tema en 30 segundos

CONTEO EN 3 SEGUNDOS
El aprendizaje automático es una rama de la informática en la que un programa aprende sus propias reglas sin necesidad de recibir aquellas explícitas de un ser humano.

TOTAL EN 3 MINUTOS
Muchos aspectos de nuestra vida digital dependen del aprendizaje automático. Podemos hablar con nuestro teléfono inteligente o con un asistente digital que ha sido entrenado gracias al aprendizaje automático, para interpretar nuestra voz como una instrucción. Su exactitud resulta asombrosa si consideramos la gama de voces y acentos que tenemos. Los álbumes fotográficos en línea identifican de modo automático las caras y los rasgos, de manera que podemos encontrar todas las fotografías en las que sale nuestra tía María o un coche entre los miles de imágenes de nuestras colecciones.

Los programas informáticos solo pueden realizar las tareas para las que han sido creados. Los métodos de aprendizaje automático aprenden tareas específicas a través de funciones que optimizan su éxito al completar tareas, igual que los seres humanos, por prueba y error. El aprendizaje automático puede ser supervisado o no. En el primer caso, se le presentan al algoritmo datos categóricos y este intenta optimizar la distinción entre las categorías. Un ejemplo típico es un filtro para el correo electrónico no deseado (*spam*), que decide a base del conocimiento adquirido cuando el usuario marca algunos correos como *spam*. Los métodos supervisados requieren de una etapa de entrenamiento intensivo durante la cual se presenta al algoritmo un gran número de ejemplos etiquetados, y aprende de manera iterativa las características del conjunto de datos hasta que deja de mejorarlo. Al algoritmo aprendido se le dan nuevos ejemplos sin etiquetar para comprobar si puede predecir las etiquetas de los nuevos ejemplos. Esta es su exactitud calculada. Los algoritmos de aprendizaje sin supervisión clasifican los datos sin utilizar etiquetas definidas por los seres humanos. Estos métodos suelen agrupar los datos en subconjuntos que comparten características similares. Se suele realizar mediante la abstracción de los datos y minimizando/maximizando las diferencias entre elementos adyacentes. Estos métodos son capaces de identificar patrones en los datos y contribuyen a reducir su complejidad.

TEMAS RELACIONADOS
véanse también
ESTADÍSTICA
página 38

PREDICCIÓN
página 86

INTELIGENCIA ARTIFICIAL
página 130

MINIBIOGRAFÍA
ARTHUR LEE SAMUEL
1901-1990
Pionero estadounidense de la informática que acuñó el término «aprendizaje automático» en 1959.

TEXTO EN 30 SEGUNDOS
Christian Cole

El aprendizaje automático nos rodea en el mundo digital, pues realiza muchas tareas de uso cotidiano pero útiles, como el bloqueo de los correos electrónicos no deseados (spam o correo basura).

H1
H3

VISUALIZACIÓN DE DATOS

el tema en 30 segundos

CONTEO EN 3 SEGUNDOS
La visualización de datos es un dominio técnico que combina la teoría de la comunicación visual, la ciencia de datos y el diseño gráfico; es más que el simple trazado de un gráfico.

TOTAL EN 3 MINUTOS
El periodismo de datos es un ámbito de gran crecimiento en las organizaciones de los medios de comunicación, ya que sus audiencias exigen cada vez más un análisis claro de los temas más complejos. Por ejemplo, los gráficos con los resultados electorales que se presentan en la televisión o en las redes sociales se ha transformado en los últimos años gracias en parte al impulso de las páginas web especializadas.

La representación visual de datos es un diálogo complejo entre el presentador y el observador. El modo en que lo hace el presentador puede tener una gran influencia en la manera en la que el oyente entiende esa información. Además, la percepción humana implica que las distintas maneras de presentar los datos pueden facilitar o dificultar su interpretación. Una buena visualización de datos es aquella en la que la comprensión es intuitiva para el observador no experimentado y le permite realizar deducciones a partir de esos datos. Utiliza las teorías de comunicación visual como fundamento para extraer lo mejor de los datos. En la época de los macrodatos y la inteligencia artificial, la visualización de datos se ha vuelto cada vez más importante y útil para facilitar la interpretación de conjuntos de datos muy complejos, en particular porque se puede automatizar por medio de programas informáticos para presentarse en forma de aplicación para que la utilice el usuario. Se han realizado grandes avances para permitir una buena visualización de datos en lenguajes comunes de programación como Python y R. Existen varias reglas y prácticas recomendadas para obtener una buena visualización. Los colores y las formas utilizadas pueden transformar una figura aburrida en algo impactante. «Menos es más» es un buen mantra. La regla de Edward Tufte para la relación tinta-información es una guía excepcional: la tinta que no proporciona información debe eliminarse.

TEMAS RELACIONADOS
véanse también
MACRODATOS/BIG DATA
página 128

EL USO DE LA FORMA
Y EL COLOR
página 136

COMPARACIÓN DE NÚMEROS
página 138

MINIBIOGRAFÍA
EDWARD ROLF TUFTE
1942-
Estadístico estadounidense, autor de *The Visual Display of Quantitative Information*. Se le atribuye el desarrollo del término «relación tinta-información».

TEXTO EN 30 SEGUNDOS
Christian Cole

La visualización de datos cuenta con una rica historia sobre la representación de la información más compleja de una manera atractiva y comprensible.

EL USO DE LA FORMA Y EL COLOR

el tema en 30 segundos

La presentación de datos cuantitativos de una manera interesante, intuitiva y significativa no es tan fácil como parece. Como puede atestiguar cualquiera cuyo cerebro haya sido torturado por las ilusiones ópticas, la percepción de una persona puede sufrir un engaño y hacerle ver algo que no existe. Aquí intervienen las teorías de la comunicación visual: una colección de observaciones neuropsicológicas que intentan explicar cómo el cerebro percibe lo que ve. Estas leyes determinan la mejor manera de representar la información tomando en consideración el conocimiento intrínseco sobre la forma y el color. Las leyes de la Gestalt (un todo unificado), desarrolladas a principios del siglo XX por Max Wertheimer, se basan en el modo en que la mente intenta agrupar objetos de la mejor manera posible con la intención de crear una estructura dentro de lo que se observa. Las agrupaciones ocurren de varias maneras: similitud (se relacionan objetos de forma o color similares); continuidad (el ojo sigue una curva o línea); clausura (a pesar de que un objeto no esté completo, una porción suficiente se percibirá como un objeto completo); proximidad (los objetos cercanos están más relacionados que los más alejados), y figura y fondo (la percepción de que existe un primer plano distinto al fondo). Con estas reglas y teorías, un diseñador o un científico de datos puede preparar visualizaciones de datos intuitivamente significativas. Es asimismo posible utilizar este conocimiento para confundir o engañar al observador de manera intencionada.

CONTEO EN 3 SEGUNDOS

La teoría visual determina la forma en la que los seres humanos perciben los objetos y colores; al visualizar la información, la forma y el color ayudan al espectador a interpretar los datos de manera correcta.

TOTAL EN 3 MINUTOS

Con la evolución, nuestros ojos se han adaptado a responder a las distintas longitudes de onda de la luz y por ello vemos en color. Las personas con una percepción normal del color son más sensibles a la porción verde del espectro de la luz visible pero las «daltónicas» tienen una sensibilidad distinta al color, por lo que es preciso elegir cuidadosamente los colores en los gráficos para que todos puedan percibirlos. La mayoría de los programas informáticos disponen de gamas de color adecuadas para este fin, y existen herramientas en línea que pueden resultar de utilidad.

TEMA RELACIONADO

véase también
VISUALIZACIÓN DE DATOS
página 134

MINIBIOGRAFÍA

MAX WERTHEIMER
1880-1943
Nacido en la Praga austrohúngara (hoy República Checa), Wertheimer fue un psicólogo que desarrolló, en colaboración con sus colegas Wolfgang Köhler y Kurt Koffka, el fenómeno phi en la psicología de la Gestalt.

TEXTO EN 30 SEGUNDOS

Christian Cole

¿Puede ver un triángulo frente a los tres círculos blancos? La elección de la forma y el color pueden llevar al ojo a visualizar patrones y facilitar su comprensión.

COMPARACIÓN DE NÚMEROS

el tema en 30 segundos

CONTEO EN 3 SEGUNDOS

La comparación de números es algo que, como seres humanos, hacemos constantemente de forma intuitiva («¿Mi hermana tiene más caramelos que yo?»), aunque hacerlo de forma significativa es complicado.

TOTAL EN 3 MINUTOS

El contexto es importante cuando comparamos números, pero puede perderse si un número representa un valor estadístico resumen como es la media. Por ejemplo, 51 es la media de los dos conjuntos 49, 50, 54 y 2, 4, 147, aunque los rangos no son similares y tampoco deberían serlo sus medias. La próxima vez que alguien le cite alguna cifra, recuerde pedirle los detalles.

Al comparar dos o más números solemos determinar la diferencia absoluta. A la vista de los números 51, 200 y 36, está claro que 200 es el mayor y 36 es el menor, ¿cierto? Pues en realidad, depende. Los números absolutos pueden esconder muchas cosas que a los seres humanos no nos gusta considerar, como la incertidumbre, el error, el rango o la precisión. El número 51 se puede presentar de muchas maneras: 51,04, 51 ± 3 o 50, y todas ellas tienen más o menos el mismo significado, pero muestran implicaciones sobre la fuente de la información. La primera supone que el número fue medido con gran precisión, la segunda que existe una incertidumbre en la medición y la tercera que el segundo dígito posiblemente no sea muy fiable. Al comparar números es importante considerar lo que representan y de qué unidades se trata: si comparamos 51 mg con 200 g y 36 kg, 36 kg claramente es el peso mayor. O si se comparan 51 accidentes de tráfico en Dundee con 200 en Birmingham y 36 en Swansea, hay cuatro veces más accidentes en Birmingham que en Dundee, pero Birmingham es siete veces más grande. Esto sugiere que hay más accidentes per cápita en Dundee que en Birmingham. Antes de comparar números de manera significativa, también se deben tener en cuenta su fuente, el error de medición, la precisión, las unidades y se debe especificar si se trata de valores estadísticos resumen.

TEMAS RELACIONADOS

véanse también
PRUEBAS ESTADÍSTICAS
página 58

MEDIA
página 60

DESVIACIÓN ESTÁNDAR
página 62

VISUALIZACIÓN DE DATOS
página 134

TEXTO EN 30 SEGUNDOS

Christian Cole

Los números se utilizan para representar muchas cosas, desde pesos y escalas hasta accidentes de tráfico. El conocimiento de lo que significan nos permite hacer comparaciones válidas y tomar decisiones informadas.

mm/inch
25.00 mm
OFF ON ZERO

TENDENCIAS

el tema en 30 segundos

Una de las preguntas que nos gustaría formular cuando nos enfrentamos a los datos estadísticos es: ¿cuál es el patrón subyacente (si hay alguno)? Las tendencias indican la propensión a que el valor de una variable influya en el valor de otra. Cualquier tendencia que se pueda encontrar puede usarse para entender el comportamiento del sistema que se está analizando. Una tendencia positiva (o correlación positiva) entre dos variables indica que, al menos como media, cuando una variable aumenta, también lo hace la otra. Un ejemplo sería el peso de un racimo de plátanos, que aumenta conforme lo hace el número de plátanos en el racimo. Una tendencia negativa (o correlación negativa) ocurre cuando al aumento de una variable corresponde una disminución de la otra. Para determinar la existencia de una tendencia entre dos variables se suele hacer un «diagrama de dispersión» de los datos/mediciones. Esto se consigue dibujando un gráfico en el que los valores de las dos variables se presentan en dos ejes. Los puntos que se dibujan en el gráfico representan las parejas de valores de datos. Entonces se busca la línea que, de algún modo, se ajuste mejor a los datos, que se denomina por lo general «línea de tendencia», usando, por ejemplo, la regresión lineal. Existen varios ensayos estadísticos para determinar la solidez y la significación estadística de estas tendencias. En el mundo de los negocios, la búsqueda de estas tendencias se conoce como «análisis de tendencias».

CONTEO EN 3 SEGUNDOS
Las tendencias son patrones en los datos estadísticos que indican algún tipo de correlación entre dos (o más) cantidades. Se pueden obtener por visualización (diagramas) de los datos o con pruebas estadísticas.

TOTAL EN 3 MINUTOS
La determinación de tendencias en la medición resulta importante en una amplia gama de ámbitos, desde la predicción del comportamiento futuro de los mercados en economía hasta la evaluación de la efectividad de las estrategias de tratamiento en medicina. Estas tendencias pueden ser positivas o negativas, se pueden visualizar gráficamente y pueden comprobarse utilizando toda una variedad de métodos estadísticos diferentes.

TEMA RELACIONADO
véase también
REGRESIÓN LINEAL
Y CORRELACIÓN
página 76

MINIBIOGRAFÍAS
ADRIEN-MARIE LEGENDRE
Y CARL FRIEDRICH GAUSS
1752-1833 y 1777-1855
Matemáticos francés y alemán respectivamente, pioneros en el uso del método de los mínimos cuadrados para la búsqueda de tendencias.

TEXTO EN 30 SEGUNDOS
David Pontin

Existe una tendencia positiva entre el número de plátanos en un racimo y su peso.

6 de noviembre de 1869
Nace en Bristol, Inglaterra

1879
Estudia en el Christ's Hospital, Londres, donde destaca en estudios clásicos y matemáticas

1888
Estudia Matemáticas en el Trinity College, Cambridge

1892
Recibe el premio Cobden por su ensayo «A short account of England's foreign trade in the nineteenth century» («Breve relato sobre el comercio exterior de Inglaterra en el siglo XIX»)

1895
Comienza a dar clases de Estadística (a tiempo parcial) en la recién fundada London School of Economics (LSE)

1900
Es nombrado profesor de Matemáticas en el Reading College (en la actualidad Reading University), donde da clases hasta 1913 (en paralelo con su trabajo en la LSE)

1901
Publica *Elements of Statistics* (*Elementos de estadística*)

1908
Es nombrado catedrático adjunto de Estadística (a tiempo parcial) en la LSE

1910
Publica *An Elementary Manual of Statistics* («Manual elemental de estadística»)

1913
Publica *A General Course of Pure Matemathics* («Curso general de matemática pura»)

1915
Es nombrado catedrático (a tiempo parcial) en la LSE

1919
Es nombrado primer titular de la cátedra de Estadística en la Universidad de Londres (en la LSE).

1922
Es nombrado miembro de la British Academy

1924
Publica *The Mathematical Groundwork of Economics* («Fundamentos matemáticos de la economía»).

1937
Es nombrado Comendador de la Orden del Imperio Británico

1940
Es nombrado director interino del Oxford University Institute of Statistics

1950
Es nombrado caballero

21 de enero de 1957
Muere en Surrey, Inglaterra

SIR ARTHUR LYON BOWLEY

Arthur Bowley nació en 1869 en Bristol y fue criado por su madre (su padre, vicario de la Iglesia de Inglaterra, murió en 1870). Entre 1879 y 1888 asistió al Christ's Hospital en Londres, donde cada año ganaba premios en estudios clásicos y matemáticas. Continuó estudiando matemáticas en el Trinity College, Cambridge, gracias a una beca.

El interés de Bowley por las condiciones sociales le dirigió hacia el nuevo campo de la estadística. En Cambridge estudió durante un breve período con el economista Alfred Marshall, quien influyó sobre su carrera en estadística económica. En 1892 recibió el premio Cobden por su ensayo «A short account of England's foreign trade in the nineteenth century» («Breve relato sobre el comercio exterior de Inglaterra en el siglo XIX»), que fue publicado como libro en 1893. A este premio le seguiría en 1895 el premio Adam Smith por su ensayo sobre las variaciones en los salarios de los trabajadores presentado a la Royal Statistical Society, y que más adelante le llevaría a recibir la Guy Medal de plata (recibiría la Guy Medal de oro en 1935). También comenzó a dar clases a tiempo parcial en la London School of Economics cuando se inauguró en 1895.

En 1901, Bowley publicó *Elements of Statistics* (*Elementos de estadística*). Este libro, basado en las clases que impartió en la London School of Economics, se considera el primer libro de texto sobre estadística en idioma inglés. El capítulo VII consistía en una larga exposición de «El método gráfico», que en opinión de Bowley es uno «de los dos métodos principales de la estadística elemental» (el otro es el método de las medias). Según explicaba Bowley, «la principal aplicación de los diagramas es permitir una visión rápida de la relación entre dos series de sucesos», además de «presentar grandes grupos de datos para que sean comprensibles en su conjunto». A este libro de texto le seguiría en 1910 *The Elementary Manual of Statistics* («Manual elemental de estadística»).

Gracias a su trabajo en estadísticas económicas, así como en el ámbito social (donde fue pionero en el empleo de las técnicas de muestreo para realizar encuestas de carácter social), Bowley recibió muchos honores: en 1893 fue elegido miembro de la Royal Economic Society, en 1922 se convirtió en miembro de la British Academy, en 1937 recibió la Orden del Imperio Británico, y en 1950 fue nombrado caballero.

Raluca Eftimie

RANGOS

el tema en 30 segundos

En estadística, el rango de un conjunto de datos es una medida de su dispersión. Dado que el rango utiliza solo dos valores (el menor y el mayor), no se puede usar como medida única para cuantificar la dispersión, ya que ignora una gran cantidad de información propia de los datos, como la presencia de valores atípicos (valores observados distantes de todas las observaciones restantes, lo que afecta al valor del rango). Para solucionar estas limitaciones, se utilizan otras medidas comunes de la dispersión de los datos en combinación con el rango: la desviación estándar, la varianza y los cuartiles. El rango del conjunto de datos se puede utilizar para obtener una estimación rápida aunque aproximada de la desviación estándar. Para aproximar la desviación estándar (σ) es posible aplicar la denominada «regla del rango», que establece que la desviación estándar de un conjunto de datos es aproximadamente igual a una cuarta parte del rango de los datos. Su aplicabilidad se relaciona con las distribuciones normales, que pueden describir una gran variedad de datos del mundo real y según la cual el 95 % de los datos se encuentra comprendido entre dos desviaciones estándar (hacia arriba o hacia abajo) de la media. Por lo tanto, la mayor parte de los datos puede distribuirse en un intervalo que tiene una longitud de cuatro desviaciones estándar. Incluso si todos los datos no están distribuidos normalmente, suele aproximarse bastante bien, de manera que la mayor parte cae en el intervalo de dos σ.

CONTEO EN 3 SEGUNDOS

El rango de un conjunto de datos describe su dispersión y se define como la diferencia entre el valor más alto y el más bajo en el conjunto.

TOTAL EN 3 MINUTOS

El rango se utiliza para obtener un conocimiento básico sobre la dispersión de los datos más variados: desde las notas de los estudiantes en un examen (donde las notas más bajas y las más altas son importantes para identificar a los estudiantes más débiles o fuertes en la clase) hasta los salarios de los empleados en una empresa (donde los salarios más bajos o más altos deberían estar acordes con las capacidades y rendimiento de los empleados).

TEMAS RELACIONADOS

véanse también
DISTRIBUCIÓN NORMAL
página 48

MEDIA
página 60

DESVIACIÓN ESTÁNDAR
página 62

CUARTILES
página 146

MINIBIOGRAFÍA

JOSEPH PRIESTLEY
1733-1804
Teólogo y científico inglés, fue uno de los primeros en visualizar los datos históricos. En su *Chart of Biography* (con 2000 nombres, entre 1200 a. C. y 1750 d. C.) utilizó líneas horizontales para representar la esperanza de vida de varios individuos.

TEXTO EN 30 SEGUNDOS

Raluca Eftimie

El rango de un conjunto de datos se calcula como la diferencia entre el valor más pequeño y el más grande del conjunto.

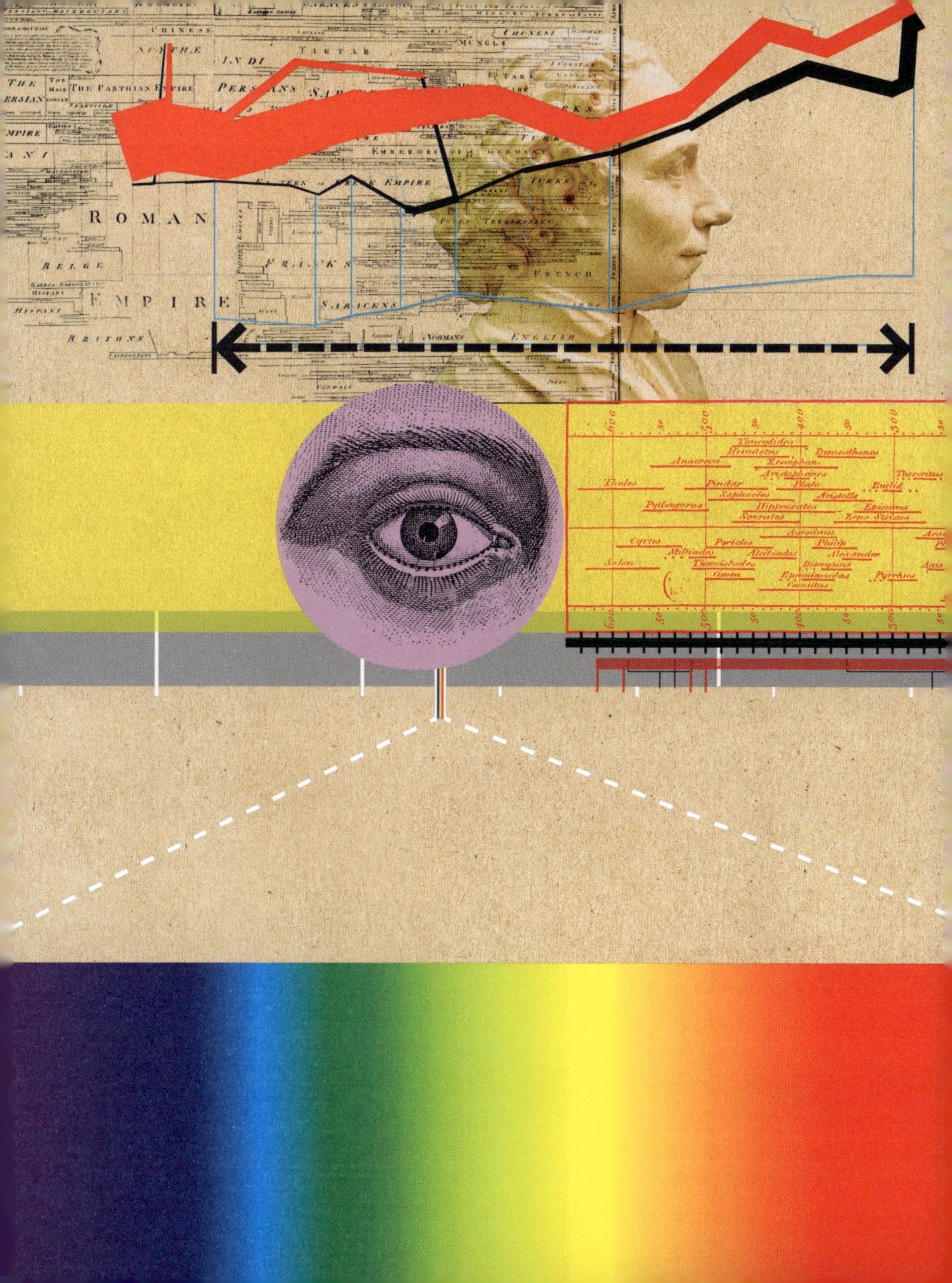
CHINESE
TARTAR
INDI
PERSIANS
THE PARTHIAN EMPIRE
ROMAN
EMPIRE
BELGAE
HISPANI
BRITONS
TURKS
FRENCH
SARACENS
NORMANS
ENGLISH
600
500
400
300
Thucydides
Herodotus
Demosthenes
Anacreon
Xenophon
Aristophanes
Theocritus
Thales
Pindar
Plato
Euclid
Sophocles
Aristotle
Pythagoras
Hippocrates
Epicurus
Socrates
Zeno Stoicus
Agesilaus
Cyrus
Pericles
Philip
Miltiades
Alcibiades
Alexander
Solon
Themistocles
Dionysius
Agis
Cimon
Epaminondas
Pyrrhus
Camillus

CUARTILES

el tema en 30 segundos

En estadística, los cuartiles son valores que dividen las observaciones pertenecientes a un conjunto de datos en cuatro subintervalos en una recta numérica. Estos cuatro subintervalos contienen los siguientes datos: (1) el 25 % inferior de los datos; (2) el segundo 25 % más bajo de los datos (hasta llegar al valor de la mediana); (3) el segundo 25 % más alto de los datos (justo encima de la mediana): (4) el 25 % más alto de los datos. Los tres puntos que separan estos cuatro subintervalos son los cuartiles: Q1, el cuartil inferior, es el punto entre los subintervalos (1) y (2); Q2, el segundo cuartil, es el punto entre los subintervalos (2) y (3); Q3, el cuartil superior, es el punto entre los subintervalos (3) y (4). Estos cuartiles nos indican qué números son más altos de un determinado porcentaje del resto del conjunto de datos. Los cuartiles son una de las mediciones estadísticas que describen la dispersión del conjunto de datos (además del rango, la varianza y la desviación estándar). Sin embargo, a diferencia de otras medidas, también nos dicen algo sobre el punto central de los datos (lo que nos proporciona la mediana Q3). La dispersión de los datos también puede caracterizarse por el rango intercuartil (RIQ), que es la diferencia entre el tercer y el primer cuartil: RIQ = Q3 – Q1. El RIQ puede utilizarse para calcular los valores atípicos, los valores extremos en los límites inferior y superior del conjunto de datos.

CONTEO EN 3 SEGUNDOS

Los cuartiles son puntos de corte que dividen el rango de una distribución de probabilidad o las observaciones en una muestra en cuatro grupos de tamaños semejantes.

TOTAL EN 3 MINUTOS

Los cuartiles son útiles porque ofrecen información sobre la centralidad de los datos, así como su dispersión. Por ejemplo, pueden utilizarse para entender rápidamente las notas de los alumnos en un examen (en el que el 25 % inferior de los estudiantes suspenderían el examen, mientras que el 25 % superior podría obtener puntos de bonificación).

TEMAS RELACIONADOS

véanse también
DESVIACIÓN ESTÁNDAR
página 62

RANGOS
página 144

MINIBIOGRAFÍA

SIR ARTHUR LYON BOWLEY
1869-1957
Estadístico inglés que en 1901 publicó *Elements of Statistics* («Elementos de estadística»), que incluía métodos gráficos para encontrar la media y los cuartiles.

TEXTO EN 30 SEGUNDOS

Raluca Eftimie

Los tres cuartiles dividen cualquier conjunto de datos en cuatro subintervalos.

APÉNDICE

FUENTES

LIBROS Y ARTÍCULOS

Para estudio

Eddy, Sean R.
«What is Bayesian Statistics?» *Nature Biotechnology* 22, septiembre de 2004 (https://www.nature.com/articles/nbt0904-1177)

Efron, Bradley y Tibshiran, R. J.
An Introduction to the Bootstrap
(Chapman & Hall, 1993)

Johnson, Robert R. y Kuby, Patricia J.
Estadística elemental. Lo esencial
(Omeba, 2011)

Rumsey, Deborah J.
Estadística para Dummies
(Planeta, 2013)

Stroup, Donna Fox y Larsen, Richard J.
Statistics in the Real World: A Book of Examples
(Macmillan, 1976)

Taylor, John Robert
Introducción al análisis de errores: el estudio de las incertidumbres en las mediciones físicas
(Reverté, 2014)

Watkins, Ann E., Scheaffer, Richard L. y Cobb, George W.
Statistics: From Data to Decision
(Wiley, 2009)

Wilke, Claus
Fundamentals of Data Visualization: A Primer on Making Informative and Compelling Figures
(O'Reilly Media, 2019)

Yates, Daniel S., Moore, David S. y Starnes, Daren S.
The Practice of Statistics (segunda edición)
(W. H. Freeman & Company, 2003)

Divulgación científica

Du Sautoy, Marcus
La música de los números primos: el enigma de un problema matemático abierto
(Acantilado, 2013)
Un análisis de uno de los problemas sin resolver en las matemáticas y cómo afecta a casi todo lo que hacemos.

Eilenberg, Jordan
How Not to be Wrong: The Hidden Maths of Everyday Life
(Penguin, 2015)
Un análisis sobre la manera en que las matemáticas alcanzan todas las facetas de nuestras vidas.

Fry, Hannah
Hola mundo: cómo seguir siendo humanos en la era de los algoritmos
(Blackie Books, 2019)
Una visión moderna de la manera en la que los seres humanos se ven influidos y afectados por los algoritmos matemáticos en su vida cotidiana.

Fry, Hannah
The Indisputable Existence of Santa Claus
(Transworld, 2017)
Este divertido libro con temática navideña demuestra cómo las matemáticas pueden ser útiles incluso durante las vacaciones.

Huff, Darrell
Cómo mentir con estadísticas
(Crítica, 2015)
Una introducción genial a muchos de los conceptos de la estadística, presentados de una manera accesible.

Parker, Matt
Pifias matemáticas: equivocarse nunca ha sido tan divertido
(Crítica, 2019)
El autor presenta problemas del mundo real provocados por una mala comprensión de la matemática y la utiliza para explicar algunos fallos muy conocidos.

Seife, Charles
Cero. Biografía de una idea peligrosa
(Ellago Ediciones, 2000)
La historia del número cero, un número que damos por supuesto, pero que no siempre ha existido. Su introducción no resultó sencilla ni universalmente aceptada.

FUENTES
(continuación)

Singh, Simon
El enigma de Fermat: la historia de un teorema que intrigó durante más de trescientos años a los mejores cerebros del mundo
(Ariel, 2015)
Una novela histórica sobre cómo un comentario frustrantemente simple en el margen de un libro desencadenó 350 años de búsqueda para encontrar su solución.

Spiegelhalter, David
The Art of Statistics: Learning from Data
(Pelican Books, 2019)
Un libro maravilloso que convierte la estadística en algo accesible para todos.

Stewart, Ian
Las matemáticas de la vida: cómo biólogos y matemáticos desvelan juntos los enigmas de la naturaleza
(Crítica, 2011)
Una interesante visión de lo que es posible cuando los matemáticos y los biólogos trabajan juntos para responder a las preguntas sobre los seres vivos.

EN LA WEB

«A brief history of numerical systems»
https://ed.ted.com/lessons/ a-brief-history-of-numerical-systems-alessandra-king
Un video excepcional que explica la historia de nuestro sistema numérico moderno.

«Alan Turing: Creator of modern computing»
www.bbc.com/timelines/z8bgr82#z3pnsbk
Una página interactiva con la historia del matemático y criptógrafo Alan Turing.

Archimedes lab
www.archimedes-lab.org
Una página con temas de aprendizaje sobre los números junto con rompecabezas y juegos para jóvenes y adultos.

MacTutor History of Mathematics Archive
www-history.mcs.st-andrews.ac.uk/index.html
El recurso en la red al cual acudir para realizar consultas sobre la historia de las matemáticas.

Medium
https://medium.com/@Elijah_Meeks
El blog del influyente científico de datos Elijah. Meeks. Contiene una gran cantidad de información útil y atractivas visualizaciones muy didácticas.

Information is Beautiful
https://informationisbeautiful.net
Una selección continuamente actualizada de las mejores visualizaciones de datos en la red. Concede un premio anual para presentar las mejores del año.

Wolfram Alpha
www.wolframalpha.com
Para encontrar definiciones de los términos matemáticos y realizar cálculos matemáticos incluyendo la solución de ecuaciones algebraicas.

APRENDIZAJE EN LÍNEA

Cursos sobre ciencias de datos en Coursera
www.coursera.org/browse/data-science

Lista de cursos sobre matemáticas en EdX
www.edx.org/course/subject/math

Matemáticas y estadística en la Open University
www.openuniversity.edu/courses/find/mathematics-and-statistics

NOTAS SOBRE LOS COLABORADORES

EDITORES ASESORES

Niamh Nic Daéid es directora del Leverhulme Research Centre for Forensic Science en la Universidad de Dundee. Es miembro de la Royal Society of Edinburgh así como de otras cinco sociedades nacionales entre las que se encuentra la Royal Statistical Society. Se graduó con honores en Química y Matemáticas en el Trinity College de Dublín y el Dublin Institute of Technology, donde se especializó en Estadística. Terminó su doctorado en Química en el Royal College de Súrgeons en Irlanda y también se ha graduado en Psicología. Niamh cuenta con numerosas publicaciones en la literatura científica forense y es pionera en el uso de los análisis quimiométricos en la interpretación de conjuntos complejos de datos relacionados con la investigación científica forense.

Christian Cole es científico de datos e investigador principal en el Leverhulme Research Centre for Forensic Science en la Universidad de Dundee. Cuenta con un grado y un doctorado en Química, pero recientemente ha centrado su atención en los problemas biológicos con grandes conjuntos de datos, y utiliza métodos estadísticos para el análisis de datos biológicos multifacéticos. Chris ha publicado más de 35 trabajos revisados por sus colegas.

COLABORADORES

Raluca Eftimie es catedrática adjunta de Matemáticas en la Universidad de Dundee. Obtuvo un doctorado en Matemáticas aplicadas en la Universidad de Alberta, Canadá. Su interés se centra en las aplicaciones de las matemáticas a la ecología, la epidemiología, la biología celular y la inmunología, y es autora de *Hyperbolic and Kinetic Models for Self-organised Biological Aggregations: A Modelling and Pattern Formation Approach* (Springer, 2019).

Harry Gray es miembro de la David and Claudia Harding Foundation, encargado de la Comunicación sobre estadística, riesgo e incertidumbre en la ciencia forense del Leverhulme Research Centre for Forensic Science en la Universidad de Dundee. Sus investigaciones se centran en las barreras para la comprensión de las evidencias forenses cuantitativas presentadas en los procesos judiciales, de manera que se puedan comunicar, examinar y evaluar de manera efectiva. Terminó su doctorado en Matemáticas y Medicina Genómica en la Universidad de Cambridge, con la investigación de las maneras de calcular con exactitud las correlaciones entre cantidades moleculares con tamaños de muestra reducidos.

Joyce Kafui Klu es estadística investigadora posdoctoral en el Leverhulme Research Centre for Forensic Science en la Universidad de Dundee. Una vez finalizado su doctorado en Estadística en la Universidad de Oxford, Joyce inició su carrera como estadística médica en la Universidad de Oxford y como asistente de Investigación en Ciencia de Datos en la Universidad de Reading. Las investigaciones actuales de Joyce se centran en el análisis estadístico de las pruebas forenses.

John McDermott es profesor de Matemáticas en la Universidad de Dundee y ha practicado la docencia matemática en varias universidades de Irlanda, Inglaterra y Escocia durante más de 25 años. Sus intereses se centran en los aspectos de las matemáticas discretas, incluyendo la teoría de grupos informatizada y la criptografía. Su objetivo primordial es la educación en matemáticas, y, en particular los retos a los que se enfrenta la enseñanza y el aprendizaje de las matemáticas en la educación superior.

David Pontin obtuvo su doctorado en la Universidad de St Andrews y una plaza de posdoctorado en la Universidad de Waikato, Nueva Zelanda, antes de aceptar una plaza de científico investigador en el Space Science Centre, en la Universidad de New Hampshire, Estados Unidos. Actualmente es profesor de Matemáticas en la Universidad de Dundee, Escocia, y ocupa una cátedra personal en Modelización de fluidos y plasma. La investigación de David se centra en la modelización matemática e informática de fluidos y plasmas. Entre las aplicaciones particulares de su trabajo se cuentan la modelización de la liberación de la energía explosiva en los plasmas astrofísicos incluyendo la atmósfera del Sol, y en 2011 recibió el premio Philip Leverhulme en Astronomía y Astrofísica.

ÍNDICE

A

aleatorio,
  muestreo 46, 48
algoritmos 80, 86, 116, 126
  de aprendizaje 127, 132
  genéticos 126
algorítmico, sesgo 127, 130
Al-Khwārizmī, Muḥammad ibn Mūsā 116
American Statistical Association 66
ANOVA, prueba 56, 58
aprendizaje
  algoritmos de, 126, 132
  automático 80, 86, 106, 116, 132
  máquinas de soporte vectorial 127
  profundo 126,130
  redes neuronales artificiales 126
  sin supervisión 132
  supervisado 132
árbol de decisión 126
Arbuthnot, John 58
aritmética, media 60
armónica, media 60
Ashton, Kevin 128
automóviles sin conductor 130
Avogadro, número de 13, 24

B

base 106, 108
Bayes
  teorema de 90,93
  Thomas 90, 92-93
bayesiana, probabilidad 82, 90
bayesianas, redes 127
Bernoulli, Jacob 112
Bhaskara II 28
big data *véase* macrodatos
binario 106, 108
  número 24, 108
binomial, distribución 36, 46, 51
Blackstone, *sir* William 88
bootstrap 72
Bowley, *sir* Arthur Lyon 142-143, 146
Bradley, James 60

C

cálculo 28, 85, 110
diferencial 85
campana, curva de 36, 48
cáncer 96, 100
Cantor, Georg 26
Cardano, Gerolamo 22, 32-33, 52, 82
censo 36, 40
cero 16, 28
Chuprov, Alexander Ivanovich 40
CI 46
cigarras 20
climatología 44, 116
Cochran, William Gemmell 64
color 134, 136
combinaciones 120
comparación de números 138
complejos, números 22, 48, 51
compuesto, número 13, 20
común denominador 114
condicional, probabilidad 94
confianza
  intervalo de 62, 70, 72
  nivel de 88
conglomerados 36, 42, 132
  muestreo por 42
conjugado 12
  complejo 22
conocimiento experto 82
constantes 14, 51
contar 108
continua, distribución 46
continuos, números 26
contraste de hipótesis 88
  Neyman-Pearson, teoría 69
control de calidad 42, 69
correlación 76, 140
corriente alterna 22
criba de Eratóstenes 12
criptografía 12, 20
crisis de reproducibilidad 56, 66
cuartiles 144, 146
cuerpos de seguridad
  ciencia forense 82, 93
  evidencia de expertos 82, 93
  laboratorios de ensayo 64
  perfil racial 86
  presunción de inocencia 88
  focos de actividad criminal 86
curva de campana 36, 48

D

dados 33, 52, 94 *véase también* juegos de azar
de Moivre, Abraham 48, 50-51, 82, 93
  fórmula de 48, 51
decimales 26, 112
Dedekind, Richard 18
del Ferro, Scipione 33
denominador 12, 106, 114
dependientes, variables 44, 76
Descartes, René 14, 22
desintegración nuclear 46
desviación estándar 48, 51, 62, 72, 74, 144
  sigma (σ) 36, 48, 56, 126
diagrama de dispersión 56, 76, 126, 140
diferencial, cálculo 85
dígitos binarios (bits) 12, 24
Diofanto de Alejandría 123

discreta, distribución 46
discretas, variables
aleatorias 52
discretos, números 20, 24, 52
dispersión, diagrama de 57, 76, 127, 140
distancia, medición de 26
distribución
binomial 36, 46, 51
continua 46
discreta 46
de probabilidad 46, 48
estadística 38, 46
exponencial 46
ji-cuadrado 36, 46, 56, 58
normal 36, 46, 48, 51
rectangular *véase* distribución uniforme
t de Student 36, 46
uniforme 36, 46

E

e 12, 106, 110
Efron, Bradley 72
encriptación 12, 20
encuestador 37, 40
ensayo diagnóstico 96, 118
enteros
números 12, 14, 24, 107
véase también números naturales
positivos 24
Eratóstenes de Cirene 20
criba de Eratóstenes 12
error
aleatorio 64
de medición 64
de observación 56, 64
estándar 74
sistemático 64
tipo I 88, 118
tipo II 88, 118
estadística 33,38
distribución 36, 46, 51
inferencial 37, 46
estadístico de prueba 88
estimación puntual 56, 70
estrato 37, 42
estudios de casos y controles 66
ética, responsabilidad 86
euclídeo, algoritmo 116
Euclides 12, 16
números irracionales 18
números primos 20
números racionales 16
Euler, identidad de 22
Euler, Leonhard 22
evidencia experta 82, 93
exponencial
distribución 46
función 12, 22
exponentes 13, 30

F

falsos negativos 80, 118
falsos positivos 80, 118
Federico II 123
fenómeno phi 136
Fermat, Pierre de, 80, 84-85, ,94, 123
pequeño teorema de, 80, 85
principio del tiempo mínimo de 80, 85
teorema de la suma de los dos cuadrados 80,85
último teorema de 81, 85
Fibonacci 114, 122-123
finanzas
decisiones de inversión 62, 93
números negativos 28
precios de acciones 86
precio de los productos básicos 76
tasa de interés 112
Fisher, *sir* Ronald Aylmer 66
forense, ciencia 82, 93
forma y color 134, 136
fracciones 16, 112, 114
fumadores 44, 72
función exponencial 12, 22
funciones 44

G

Galois, Évariste 120
gausiana, distribución 36
Gauss, Carl Friedrich 22, 36, 48
genéticos, algoritmos 126
geométrica, media 60
Gestalt, leyes de la 126, 136
Gosset, William Sealy 36
grados de creencia..90
previo 90, 93
gráficos 38
de dispersión 56, 76, 127, 140
redes bayesianas 126
Graunt, John 86
gúgol 30

H

Herón de Alejandría 22
Hípaso de Metaponto 18
hipótesis
alternativa 58, 88
estadística 88
nula 57, 58, 80, 88
horarios 102
tiempos de llegada de autobuses 102
Hume, David 93

I

identificadores en internet 108
imaginario, número (i) 13, 22, 33
incertidumbre 64, 74, 138
independencia estadística 51
independientes, variables 44, 76
indicadores económicos 76
índices 30
indoarábigos, números 123

ÍNDICE

inferencia estadística
  prueba de significación de la hipótesis nula 66
  razón de verosimilitud 69, 82, 96
inmunización, programa de 88
inteligencia artificial (IA) 116, 130
Internet de las cosas 126, 128
intervalo de confianza 62, 70, 72
irracionales, números 14, 16, 18, 107, 110

J

ji-cuadrado, distribución 36, 46, 56, 58
juegos de azar 33, 48, 51
  de dados 33, 52, 94
  probabilidad condicional 94
  variables aleatorias 52

K

Kahneman, Daniel 118
Koffka, Kurt 136
Köhler, Wolfgang 136
Kolmogorov, Andrey 44

L

laboratorios de ensayo 64
lanzar una moneda 52, 82, 90
Laplace, Pierre-Simon 42, 48
Leibniz, Gottfried Wilhelm 108
límite central, Teorema del 48
límite de probabilidad 58
logaritmos 12, 22, 106, 110
  naturales 22, 106, 110
lotería 120

M

macrodatos 128
mamografías para cribado 96
máquinas de soporte vectorial 126
Marshall, Alfred 143
máximo común divisor (MCD) 106, 116
media 48, 58, 60, 62, 138
  aritmética 60
  armónica 60
  error estándar
    de la media 74
  geométrica 60
  muestral 60, 74
  poblacional 60, 74
mediana 57, 60
medicina
  bootstrap 72
  ensayo diagnóstico 118
  falsos positivos/negativos 118
  problemas relacionados con el consumo de alcohol 98
  programas de inmunización 88
  prueba diagnóstica 96
  riesgo de cáncer de colon 100
  toma de decisiones 76, 98, 100
medición, error de 64
  aleatorio 64
  sistematico 64
mínimos cuadrados ordinarios 76
moda 57, 60
moneda, lanzar una 52, 82, 90
Monty Hall, problema de 94
mu (μ) 36, 48
muestral, media 60, 74
muestras 40
  aleatorias 46, 48
  tamaño de 74
muestreo 42, 143
  aleatorio 42
  estratificado 42
  por conglomerados 42
  sistemático 42

N

n! 106
Napier, John 110
naturales, números 13, 14, 16, 18, 24, 107 *véase también* enteros
negativos, números 22, 28, 33
Newton, Isaac 51, 85
Neyman, Jerzy 69, 70
Neyman-Pearson, teoría de 69
Nightingale, Florence 38
nivel
  de confianza 88
  de significación 57, 58
normal, distribución 46, 48, 51
notas de alumnos 144, 146
nula, hipótesis 56, 58, 80, 88
numerador 13, 106, 114
numérico, sesgo 102
números
  continuos 36
  discretos 20, 24, 52
  enteros 13, 14, 107
  indoarábigos 123
  naturales 16, 18, 24, 107
    véase también enteros
  negativos 22, 28, 33
  primos 20
  racionales 14, 16
  reales 14, 26
  romanos 123

O

objetiva, probabilidad 80, 82
observación, error de 56, 64
  aleatorio 64
  sistemático 64
onda sinusoidal 22

P

Pascal, Blaise 85
Pearson, Egon Sharpe 68-69

Pearson, Karl 69, 76
perfil racial 86
periodismo de datos 134
permutaciones 120
petabyte (PB) 80, 86
pi (π) 12
población 37, 38, 40
poblacional, media 60, 74
Poisson, distribución de 36, 46
polinomios 13, 14, 22, 120
porcentajes 112
potencias 30
prácticas de selección de personal 130
precio de acciones 86
predicción 86
presunción de inocencia 88
Priestley, Joseph 144
primos, números 20
 teorema fundamental de la aritmética 12, 20
 criba de Eratóstenes 13
principio de acción mínima 85
probabilidad 33, 70, 82
 bayesiana 82, 90
 condicional 94
 de frecuencias 82, 90
 distribución de 46, 48
 objetiva 80, 82
 subjetiva 80
promedio *véase* media
proporción áurea 123
prueba de significación de la hipótesis nula 66
 diagnóstico 96, 118
pruebas estadísticas 38, 58
 ANOVA 56, 58
 distribución ji-cuadrado 36, 46, 56, 58
 distribución t de Student 37, 46
 nivel de significación 57, 58
 prueba t 57, 58
 valor p 58, 66

R

racionales, números 14, 16
raíces 30
raíz cuadrada (√) 12, 18, 30, 56
 de números negativos 22, 33
rango 144
razón de verosimilitud 69, 82, 96
reales, números 14, 26
rectangular, distribución *véase* distribución uniforme
redes neuronales artificiales 127
reducción de dimensiones 127
regla del rango 144
regresión lineal 76
relación causal 86
relación tinta-información 126
relativo, riesgo 98, 100
Richter, escala de 110
riesgo
 absoluto 98, 100
 relativo 98, 100
romanos, números 12

S

salud *véase* medicina
Samuel, Arthur Lee 132
secuencia de Fibonacci 123
separador decimal 110
sesgo
 algorítmico 127, 130
 numérico 102
sigma (σ) *véase* desviación estándar
sistemático
 error 64
 muestreo 42
Spiegelhalter, David 98
Stein, Charles 102
Stifel, Michael 18
subjetiva, probabilidad 80
subpoblación 37, 40

T

t de Student, distribución 37, 46
Tartaglia, Niccolò 33
tasas de interés 112
temperatura 64, 66
tendencias 38, 86, 128, 140
Teorema del límite central 48
Teorema fundamental de la aritmética 13, 20
teorías de comunicación visual (TCV) 134, 136
terremotos 110
test de significación de la hipótesis nula 66
tráfico 46
Tufte, Edward Rolf 134
Turing, Alan 130

U

uniforme, distribución 37, 46

V

valor
 crítico 81, 88
 p 57, 58, 66
 posicional 107, 108, 123
 plausible 57
variables 44, 58
 aleatorias 46, 52
  continuas 52
  discretas 52
 dependientes 44, 76
 independientes 44, 76
varianza 48, 57, 62, 144
vehículos autónomos 130
visualización de datos 126, 134

W

Weierstrass, Karl 18
Wertheimer, Max 136
Wiles, *sir* Andrew 85

AGRADECIMIENTOS

DEL EDITOR
Ha sido realmente divertido participar en la edición de este libro. Estamos enormemente agradecidos al maravilloso equipo de autores que recopilaron el texto en un período tan breve. Esperamos que estén tan satisfechos con el resultado final como nosotros y deberían estar extremadamente orgullosos de sus logros individuales y colectivos. Sus escritos han cobrado vida de manera mágica y hermosa gracias a las destacadas ilustraciones y al talento excepcional de Steve Rawlings. Cada libro cuenta con un equipo que trabaja con los autores y editores para convertirlos en una realidad. Este libro nunca habría visto la luz sin la paciencia y discreta persuasión de Joanna Bentley, editora de proyectos senior en Ivy Press, y Jane Roe, nuestra revisora de textos. Asimismo, estamos enormemente agradecidos a los equipos de diseño y producción, quienes dieron vida al libro y ¡vaya si tiene un buen aspecto!!

CRÉDITOS DE LAS ILUSTRACIONES
El editor agradece a las siguientes personas y entidades su permiso para reproducir material sujeto a derechos de reproducción de las siguientes páginas:

Alamy Stock Photo/ Heritage Image Partnership Ltd 50, Keystone Press 68, Pictorial Press Ltd 32, Science History Images 122.
European Southern Observatory 19.
Europeana Collections/ Finnish National Gallery 31; The European Library 19.
Library of Congress 19, 111.
Shutterstock/ Aaron Amat 109; Aaron HY Chen 17; Africa Studio 83; Aha-Soft 47; Aleksandar Mijatovic 135; Alexy Kljatov 67; Alexyz3d 117; all_is_magic 87; Alted Studio 83; Andrey_Popov 6; Andy Dean Photography 15; AnEduard 71; Anton_Ivanov 6; Antonio Gravante 115; Aperture75 67; Aphelleon 67, 117; Arcady 87; arka38 45; Ayse Pemra Yuce 43; Bedrin 95; Bikeworldtravel 113; Bildagentur Zoonar GmbH 103; Billion Photos 15; Bjorn Heller 99; Bruce Rolff 87, 131; Chjusman 121; cla78 139; Claudio Divizia 103; creative_design_2017 99; Cynthia Farmer 59; Dan Kosmayer 53; Daniela Pelazza 71; DariaRen 115; Dario Lo Presti 67; dashadima 15; Davydenko Yuliia 89; dencg 53; Denys Prykhodov 8; Dimitris Leonidas 15; DivinHX 131; Dogholiday 89; doomu 71, 109; Dreamcreation 73, 135; eAlisa 49; ekkapon 17; Elena Schweitzer 45; Elena100 31; enterphoto 89; Evannovostro 117; exopixel 61; Flipser 115; Flyingv3 21; Fresh_ Studio 119; Garumna 89; GarryKillian 129, 135; Georgios Kollidas 61; Giuseppe Donatiello 73; Good Shop Background 67; Green angel 103; GzP_Design 145; HomeStudio 25; horiyan 65; HPLTW 113; ibrandify gallery 89; ichadsgn 71; icolourful 17; ifong 17, 45; imagewriter 137; Ink Drop 139; itechno 17; iunewind 15, 61; Iurii Stepanov 109; Ivan Alex Burchak 119; Jacek Chabraszewski 97; Kai Celvin 117; KKulikov 27; Konstantin L 27; Kotin 89; KRAHOVNET 41; Kyryloff 27; Luria 91; locote 45; Lurii Stepamov 25; M. Unal Ozmen67; Macrovector 67; Makhh 63; Makhnack_S 29; Marso 141; martan 53; Matee Nuserm 139; Matt Benoit 25; mattesimages 83, 89; matthew25 97; Mauro Matacchione 27; Marzolino 84; mdbildes 111; melih2810 71; MicroOne 39; milart 141; Miloje 113; modustollens 113; montego 45, 95; Morphart Creation 145; Motionblur Studios 97; Mr. Rashad 21; musmellow 139; NadzeyaShanchuk 73; Nataliia Nata 97; Neamov 71; Nerthuz 15, 19; Nichca 7; Nikelser Kate 109; notbad 133; Oakozhan 87; Oleh Svetiukha 115; Oleksandr Panasovsky 115; Oleksiy Mark 129; Orn Rin 87; PaoloBruschi 133; Pavlo S 117; Peter Hermes Furian 145; phipatbig 117; Phonalamai Photo 117; photopixel 111; pikepicture 95; PixMarket 39; Rashevskyi Viacheslav 15; Robert Adrian Hilman 17; Robert Lucian Crusitu 109; Romanova Natali 131; Romariolen 45; Rost9 53; sansak 101; Sarah Holmlund 117; Savvapanf Photo 101; Sebastian Kaulitzki 119, 135; sebra 61; Seregam 61; Sergey Chayko 83; ShadeDesign 117; shahreen 47; sirtavelalot 41; Social Media Hub 89, 101; Sorbis 113; SP-Photo 45; stocker1970 45; Stu Shaw 29; Tatiana Shpeleva 43, 131; temp-64GTX 129; This Is Me 53; Thomas Pajot 147; TotemArt115; Trodler 15; Trong Nguyen 103; TwinkleStudio 25; Valex 133; Vector.design 117; vesna cvorovic 95; Vidual Generation 74; Vikpit 131; Vladystock 131, 133; VOLYK IEVGENII 29; whiteMocca 63; Whitevector 103; WhiteWings 25; WorldWide 103; Yes - Royalty Free 31, 67, 95, 97; Yevgenij_D 139; Zakharevych Vladyslav 119; Zentilla 121.
Smithsonian Libraries 141.
Stella Bowen (pintura propiedad de la London School of Economics and Political Science) 142.
Wellcome Library, Londres 25, 39, 49, 61, 65, 77, 111, 135.
Wikimedia Commons/07bargem 135; A1E6 47; Adrignola 25; AlexNett22 133; Boivie/Maksim 37; Booya 137; cmglee 39; Cyc 133; Daderot 115, 145; DkEgy 134, 145; Ellasdabbas 135; EpochFail 141; Heds 1 49, 63; HiTe 63, 73; IkamusumeFan 59, 74; IllestFlip 111; Ilya Voyager 19; Jhedengren 133; Jjbeard 25; Johannes Ganz 19; Joseph Priestley 145; Kmf164 135; Lalala666 39; Martin Grandjean 135; Mehmet Atif Ergun 145; Mikael Häggström 97; Muhali 77; NASA 19, 49; Pearson Scott Foresman 49; Risani 109; Sigbert 77; Slashme 21; Trlkly 23; Twisp 111; Hermann Dietler 39; Wolfkeeper 25.

Hemos realizado todos los esfuerzos razonables por encontrar a los propietarios de los derechos de reproducción y obtener su permiso para utilizar el material con propiedad intelectual. El editor pide disculpas por cualquier error u omisión en la lista anterior y agradecerá la notificación de cualquier corrección para incorporarla en futuras reimpresiones.